一天一杯
蔬果汁

甘智荣　主编

吉林科学技术出版社

图书在版编目（CIP）数据

一天一杯蔬果汁 / 甘智荣主编 . — 长春：吉林科学技术出版社，2015.4

ISBN 978-7-5384-9014-5

Ⅰ．①一… Ⅱ．①甘… Ⅲ．①蔬菜－饮料－制作②果汁饮料－制作 Ⅳ．① TS275.5

中国版本图书馆 CIP 数据核字 (2015) 第 063681 号

一天一杯蔬果汁

Yitian Yibei Shuguozhi

主　　编　　甘智荣
出 版 人　　李　梁
责任编辑　　李红梅
策划编辑　　成　卓
封面设计　　闵智玺
版式设计　　谢丹丹
开　　本　　723mm×1020mm　1/16
字　　数　　200千字
印　　张　　15
印　　数　　8000册
版　　次　　2015年4月第1版
印　　次　　2015年4月第1次印刷

出　　版　　吉林科学技术出版社
发　　行　　吉林科学技术出版社
地　　址　　长春市人民大街4646号
邮　　编　　130021
发行部电话/传真　　0431-85635177　85651759　85651628
　　　　　　　　　　　　　　85677817　85600611　85670016
储运部电话　　0431-84612872
编辑部电话　　0431-86037576
网　　址　　www.jlstp.net
印　　刷　　深圳市雅佳图印刷有限公司

书　　号　　ISBN 978-7-5384-9014-5
定　　价　　29.80元

前言　PREFACE

新鲜的蔬菜和水果含有非常丰富的维生素、膳食纤维和矿物质等营养元素，而鲜榨蔬果汁作为一种摄取蔬果营养的最天然也最安全的方式，可以最大限度地保留蔬果中的营养素，是任何营养保健饮品所无法比拟的。在注重健康和食品安全的今天，蔬果汁受到越来越多人士的喜爱，而自制一杯新鲜蔬果汁也成为一种时尚。

没错，你只需一台榨汁机和几个简单的蔬果，便可轻松制作出新鲜自然而又不含任何色素、防腐剂的蔬果汁。除了我们所熟知的苹果、香蕉、橙子、黄瓜外，其他大部分蔬果也可以用来制作蔬果汁。经常饮用蔬果汁，不仅能补充人体所需营养，还可帮助机体排出毒素，达到强身健体、美容养颜的作用，何乐而不为？

现代人生活节奏快，工作压力大，熬夜、加班、喝酒、应酬早已成为生活常态，与其盲目服用各种蛋白质粉、胶原饮品等营养补充品来改善健康状态，不如在家制作一杯鲜榨果汁来得实在。你可能不会想到，那些日常生活中经常见到的普通蔬果，一经巧妙搭配，榨成一杯简简单单的蔬果汁，或许就可以改善你的身体状况。心动不如立即行动，还在等什么呢？快来跟着我们一起制作神奇的美味蔬果汁吧。

本书详细介绍了蔬果汁的制作方法及饮用技巧，并按照不同人群的营养需求，分别选取了多道制作简便、营养丰富且美味可口的蔬果汁，手把手教你如何巧妙地搭配蔬菜与水果，制作出无论是儿童、老年人，还是男性、女性都爱喝的健康蔬果汁。每道蔬果汁均配有详细的文字说明、制作步骤图、难易度标志及健康小贴士等，以便读者能够掌握制作要点轻松完成。

希望本书能为你开启美味蔬果之旅，也能为你的健康带来更多关怀。

CONTENT 目录

 Part 1 **魅力蔬果汁, 我的食尚主义**

 Part 2 **一天一杯, 可爱宝宝成长蔬果汁**

Part 3 一天一杯, 快乐儿童益智蔬果汁

Part 4 一天一杯，活力男性抗压蔬果汁

Part 5 一天一杯，完美女性减龄蔬果汁

Part 6 一天一杯，幸福孕妈妈营养蔬果汁

Part 7 一天一杯，健康老人长寿蔬果汁

Part 1

魅力蔬果汁，
我的食尚主义

　　时尚生活中，怎能缺少天然健康蔬果汁的缤纷色彩。每天喝一杯鲜美可口的蔬果汁，不但可以滋润你的心田，更会让你倍感人生的美妙所在。亲手DIY一杯鲜榨蔬果汁，不仅可依据个人喜好自由搭配，在体验动手乐趣的同时，更能用浓浓的爱，呵护全家人的健康。本章将为你揭开蔬果中鲜为人知的健康小秘密，让你快速掌握制作蔬果汁的小诀窍，足不出户也能轻松喝到营养美味的蔬果汁。

蔬果的健康秘密

新鲜蔬果中除了含有丰富的维生素、矿物质等营养元素外，还含有很多对人体具有保健作用的植物营养素。现在，就让我们一起来好好研究蔬果中一些鲜为人知的健康秘密吧。

〔糖类〕

糖类又叫碳水化合物，是人体三大供能营养素之一，也是最主要的供能物质，人体进行各项生命活动所消耗的能量大多来自于糖类的氧化分解。然而糖类在身体中的储备非常有限，如果膳食中的摄入量不足，能量供给无法满足人体需要，就会导致血糖含量降低，产生头晕、心悸、脑功能障碍等问题，甚至还可能造成体内钙、铁、钾等微量元素的流失。蔬果中含糖量丰富的有香蕉、苹果、梨、柑橘、葡萄、西瓜、胡萝卜、洋葱、西蓝花等。

〔维生素〕

维生素虽然既不参与人体细胞的构成，也不为人体提供能量，但却对机体的新陈代谢、生长发育及健康具有重要作用。例如维生素A可参与蛋白质的合成，维持骨骼的正常生长发育，有助于维持免疫系统功能正常，提高身体抵抗力，维护头发、牙齿的健康；维生素C可增强机体对外界环境的抗应激能力和免疫力，预防癌症、中风、心脏病等。蔬果中的芥菜、茼蒿、花菜、芹菜、韭菜、青椒、西红柿、黄瓜、香蕉、樱桃、橙子、葡萄、猕猴桃等都含有丰富的维生素。

〔叶绿素〕

叶绿素是植物中特有的一种成分，具有很强的抗氧化作用，可通过抑制过氧脂质和血液中的胆固醇，起到预防癌症的作用。此外，叶绿素还是很好的天然解毒剂，能预防感染、防止炎症的扩散，具有止痛功能，是一种不可多得的营养物质。卷心菜、菠菜、莴苣、绿豆、茼蒿、生菜、西兰花、青椒、芒果、木瓜、桃子等蔬果中均含有丰富的叶绿素。

〔胡萝卜素〕

胡萝卜素存在于植物性食物中，被人体吸收后，可转化成维生素A。胡萝卜素具有强化皮肤和黏膜的作用，能够维持眼部和皮肤健康，改善夜盲症、皮肤粗糙等状况，保护身体免受自由基的伤害。此外，它还能提高肝脏的解毒功能，具有预防和抑制肝脏病变的作用。胡萝卜素主要存在于深绿色或红黄色蔬果中，如胡萝卜、西兰花、菠菜、空心菜、芒果、哈密瓜、甜瓜等。

〔番茄红素〕

番茄红素是类胡萝卜素的一种，它作为目前被发现的最强抗氧化剂之一，其抗氧化作用是β-胡萝卜素的2倍、维生素E的100倍，因而其清除自由基的功效远胜于其他类胡萝卜素和维生素E，能有效防治因衰老、免疫力下降等引起的各种疾病。此外，番茄红素还能消除促进黑色素活跃的活性氧，抑制黑色素的生成，对美白养颜具有一定功效。番茄红素不仅存在于番茄中，还广泛存在于南瓜、胡萝卜、西瓜、番石榴、葡萄、柑橘等蔬果中。

〔钙〕

钙作为人体不可或缺的一种矿物质，参与人体的整个生命过程，是形成骨骼、牙齿的重要营养素。钙能使软组织保持弹性和韧性，维持神经和肌肉的兴奋性，保证肌肉的正常收缩与舒张，调节细胞和毛细血管的通透性。此外，钙还是一种天然的镇静剂，有助于缓解失眠症状。很多人会倾向于从牛奶及其豆制品、虾皮等食物中摄取钙质，其实蔬果中同样含有丰富的钙质，如芥菜、萝卜缨、茼蒿、豌豆苗、草莓、苹果、香蕉、枇杷等。

〔磷〕

磷存在于人体所有细胞中，是维持骨骼和牙齿健康的必要物质，也是促成骨骼和牙齿钙化所不可缺少的营养素。磷是组成遗传物质核酸的基本成分之一，对生物体的遗传代谢、生长发育、能量供应等具有重要作用。食物中除鱼、肉、蛋等含磷较多外，绿豆芽、香菇、木耳、冬笋、石榴、柠檬、荔枝等蔬果中也含有较丰富的磷。

〔铁〕

铁是人体内含量较为丰富的微量元素，是造血的主要原料。铁元素在人体中具有造血功能，它参与血蛋白、细胞色素及各种酶的合成，促进生长发育。此外，铁还能增强人体对疾病的抵抗力。人体如果缺铁，就会发生缺铁性贫血，造成免疫功能下降和新陈代谢紊乱。常见的含铁丰富的蔬果有黑木耳、芥菜、芹菜、芦笋、胡萝卜、樱桃、龙眼、葡萄等。

〔纤维素〕

纤维素能促进胃肠蠕动，帮助消化，具有改善便秘、抑制脂肪吸收、减少热量囤积的作用，对预防肥胖、冠心病、糖尿病等很有帮助。常吃含高纤维素的食物还能帮助排除体内有害物质和废物，使身体变得更健康。蔬果中含纤维素丰富的有芹菜、马齿苋、香菇、竹笋、胡萝卜、花菜、南瓜、樱桃、石榴、苹果、梨等。

DIY蔬果汁快速入门

榨制一杯新鲜的蔬果汁除了做好挑选、清洗以及处理蔬果等准备工作外，还需要掌握一定的榨汁、增鲜技巧，这会让蔬果汁变得更加美味哦。下面就让我们一起进入快乐的DIY时光吧。

〔必备工具〕

俗话说，"工欲善其事，必先利其器"，要想制作出营养鲜美的蔬果汁，自然离不开榨汁机、压汁机、搅拌棒等必备工具。那么，这些工具你都备齐了吗？已经学会使用了吗？在制作过程中，有哪些需要注意的地方呢？别着急，且让我们一一为你介绍。

果汁机

含细纤维的蔬果如香蕉、桃子、木瓜、芒果、香瓜及西红柿等，最适合用果汁机来制果汁，因为会留下细小的纤维或果渣，和果汁混合会呈现浓稠状，使果汁不但美味又具有口感。含纤维较多的蔬菜及水果，也可先用果汁机搅碎，再用滤网过滤。

使用：①将食材去除皮和籽，切成小块，放入果汁机中，加水搅拌。②食材一次不宜放太多，应少于容器的1/2。③搅拌时间一次不可连续操作2分钟以上。若搅拌时间较长，可休息2分钟，再继续操作。④冰块要与食材一起搅拌，不可单独搅拌。⑤先放切成块的固体食材，再加液体食材搅拌。

清洁：①使用完后立即清洗，将果汁杯拿出来泡过水后，再用水冲洗干净。②果汁机里的钢刀，要先用水泡一下再冲洗，最好使用棕毛刷清洗。

榨汁机

榨汁机是一种可以将蔬果快速榨成蔬果汁的机器，可用于榨制较为坚硬、根茎部分较多、纤维多且粗的蔬果，如胡萝卜、西芹、黄瓜、苹果、菠萝等。

使用：①把食材洗净，切成适当大小的条状或块状。②放入食材后，将杯子或容器放在饮料出口下面，打开开关，机器会开始运作，同时用挤压棒往给料口挤压。③纤维多的食物应直接榨取，不要加水，饮用其原汁即可。

清洁：①榨汁机如果只用来榨蔬菜或水果，用温水冲洗并用刷子清洁即可。②若用榨汁机榨了油腻的东西，清洗时可在水里加一些洗洁剂，转动数圈就可洗净。③榨汁机里的刀网宜先用水泡一会儿再冲水，并用棕毛刷清洗干净。

压汁机

可用来制作柑橘类水果的果汁及果汁混合会呈现浓稠状的果汁，如橙子、柠檬、葡萄柚等。

使用：水果最好横切，将切好的果实覆盖在其上，再往下压并且左右转动，就可挤出汁液。

清洁：①使用完应马上用清水清洗。②由于压汁处有很多缝隙，容易存有残渣，需用海绵或软毛刷清洗。③避免使用菜瓜布进行清洁，因为会刮伤塑料，容易让细菌潜藏。

砧板

砧板有木质和塑料两种材质，可灵活选用。

使用：①切蔬果和肉类的砧板最好分开使用，这样既可防止食物细菌交叉感染，又能防止蔬菜、水果沾染上肉类的味道，影响蔬果汁的口味。②新买的木质砧板，使用前用盐水浸泡一夜，可防止干裂。

清洁：①塑料砧板每次用完后要用海绵沾漂白剂清洗干净并晾干。②不要用太热的水清洗，以免砧板变形。③每星期要用消毒水浸泡砧板一次，每次先浸泡1分钟，再用温开水洗干净。

搅拌棒

搅拌棒是让果汁中的汁液和溶质能均匀混合的好帮手，选购时宜选择制作工艺佳、用耐热材质制作的搅拌棒。搅拌棒也可不必单独准备，可用家中常用的长把金属汤匙代替。

使用：果汁制作完成后倒入杯中，这时用搅拌棒搅匀即可。

清洁：搅拌棒使用完后要立刻用清水洗净、晾干。

磨钵

适合于用包菜、菠菜等叶茎类食材制作蔬果汁时使用。此外，像葡萄、草莓、蜜柑等柔软、水分多的水果，也可用磨钵制成果汁。

使用：①将食材切细，放入钵内，再用研磨棒捣碎、磨碎之后，用纱布包起将其榨干。②在使用磨钵时，要注意将食材、磨钵及研磨棒上的水分拭干。

清洁：用完后，要立即用清水清洗并擦拭干净。

过滤网

用于过滤掉蔬果汁的残渣，以增加蔬果汁的口感。

使用：一手持装有蔬果汁的容器，一手持滤网，滤网下放一个杯子，将榨好的蔬果汁倒入滤网即可。

清洁：由于滤网上有很多缝隙，使用后要立即用清水冲洗干净。

削皮器

用于削去蔬果的外皮，如胡萝卜、黄瓜、苹果、梨等。

使用：宜由内往外削皮，以免手受伤。

清洁：①用完后应马上用清水洗净拭干，以免生锈。②由于削皮器两侧易夹住蔬果渣，清洗时可先用小牙刷清除。

〔根据体质选蔬果〕———

个人的体质会有差异，其适宜食用的蔬果也各不相同。只有先确定自己属于哪种体质，适合吃哪些蔬果，再选择适合的蔬果汁，这样才能达到最佳的保健效果。

虚性体质

（1）气虚体质

指身体脏腑功能衰退、元气不足，造成全身性虚弱症状。

一般特征：脸色苍白，气短懒言，易疲乏，精神不振，不喜运动或稍加运动就感到头晕。

饮食建议：多吃平性、温性食物，烹饪寒性、凉性蔬菜时可多加些葱、姜、胡椒等辛温的调味品，或与鸡肉、牛肉、羊肉等温热性食物一起煮，以减轻寒性。

宜吃蔬果：红薯、南瓜、洋葱、胡萝卜、土豆、山药、葡萄、苹果、木瓜等。

（2）血虚体质

指气血不足，可由失血过多或久病阴血虚耗、脾胃功能失常等所致。

一般特征：脸色苍白，指甲及唇色淡白，皮肤干燥，头晕目眩，血液循环差，易健忘。

饮食建议：多吃营养丰富、性平偏温、具有健脾养胃作用的食物。

宜吃蔬果：菠菜、黑木耳、胡萝卜、莲藕、桑葚、葡萄、柚子、桂圆等。

（3）阴虚体质

通常为热病的恢复期，或由慢性病延日久而形成。

一般特征：体形消瘦，两颧潮红，手足心热，口燥咽干，易心烦发怒，喜冷饮，大便干燥。

饮食建议：宜多吃甘凉滋润、生津养阴的食物，忌吃烧烤、油炸及辛辣等易伤阴的食物。

宜吃蔬果：冬瓜、丝瓜、苦瓜、黄瓜、石榴、葡萄、枸杞、柠檬等。

（4）阳虚体质

通常由气虚演变而成，常见于体质虚弱、高龄、久病者。

一般特征：畏冷怕寒、脸色苍白，手足不温，精神不振，腰膝酸软。

饮食建议：多吃平性、温性食物，烹调寒性、凉性蔬菜时可加入葱、胡椒等调料，或与牛、羊肉一起煮。

宜吃蔬果：南瓜、胡萝卜、山药、丝瓜、樱桃、柚子、榴莲、火龙果等。

实性体质

大多出现在疾病的初期或中期，多由积食、痰、水湿、淤血等引起。

一般特征：体力充沛而无汗，经常便秘，尿量不多，声音洪亮，精神佳，身体强壮、肌肉有力，脾气较差、易烦躁。

饮食建议：宜多吃具有清凉降火功效

的食物，以便疏散体内实火、清热解毒、利尿通便。

宜吃蔬果：芹菜、芦笋、丝瓜、冬瓜、西瓜、哈密瓜、梨、猕猴桃等。

寒性体质

通常表现为血液循环功能较差，多见于女性。

一般特征：脸色、唇色苍白，喜食热食、热饮料，手脚冰凉，易伤风感冒，易疲劳，尿量多且颜色淡。

饮食建议：宜多吃温性及热性食物，以帮助活化身体机能。

宜吃蔬果：南瓜、洋葱、香菜、香椿、李子、樱桃、荔枝等。

热性体质

俗称火气大，常见于青少年、壮年男子。

一般特征：经常口干舌燥，舌头偏红且有黄色厚苔，喜喝冷饮或吃冰冷食物，烦躁不安、脾气差，易便秘。

饮食建议：宜多吃寒性、凉性的食物，以达到清热降火的目的。

宜吃蔬果：芹菜、苦瓜、黄瓜、丝瓜、西红柿、西瓜、香蕉、猕猴桃等。

〔自制蔬果汁要诀〕

你知道如何挑选合适的蔬果吗？你了解蔬果搭配的各种技巧吗？如何才能做出一杯美味又健康的蔬果汁呢？快来看看以下要诀吧。

要诀一：选对蔬果

用于榨汁的蔬果应尽量选择当季的新鲜蔬果，当季蔬果不仅农药残留较少，而且营养丰富、物美价廉，是制作蔬果汁

的首选。在挑选时，以大小适中、色泽均匀、成熟、饱满，且外表没有碰撞及受损的新鲜蔬果为佳。此外，一些污染少的绿色健康蔬果如卷心菜、苋菜、芹菜、花菜等也都是较好的选择。

要诀二：仔细清洗

蔬果清洗干净后才能确保安全健康地饮用蔬果汁，每次在榨汁前，都需将蔬果彻底洗净。

蔬菜应先用流动的清水冲洗表面，然后放入淡盐水中浸泡1小时，再用清水冲洗一遍。对于包心类蔬菜，可先切开，放入清水中浸泡2小时，再用清水冲洗，以清除残留农药；青椒、菜花、豆角、芹菜等蔬菜，制作前用开水烫一下，可清除90%的残留农药。

要诀三：切好，营养好

一般来说，胡萝卜、土豆等根茎类的蔬菜应削去表皮，切成块状或长条状；菠萝、柠檬、奇异果等多肉水果应先去除表皮，再切成大小合适的形状；黄瓜、苦瓜等瓜类蔬菜宜先切除头尾，直剖后去籽，再切成大小合适的形状；叶类蔬菜切成长度均等的长条状即可。

要诀四：选择合适的器皿

蔬果汁中的营养成分很容易因为氧化作用而丧失，同时也易受到细菌的污染而变质。如果暂时不喝，最好使用大小和形状适当的密封容器存放，以尽量减少与空气和细菌的接触。

此外，还要注意不要用铝制容器盛放蔬果汁。因为鲜榨蔬果汁中的柠檬酸、果酸会促进人体对铝的吸收，而铝一旦摄入体内，便很难排出，会直接损害脑神经细胞，让人反应迟钝、记忆力下降。

要诀五：保鲜是关键

瓜果类蔬菜相对来说比较耐储存，因为它们是一种成熟的形态，是果实，有外皮阻隔外界与内部的物质交换，所以保鲜时间较长。

但是，有些水果如酪梨、奇异果等，在购买时尚未完全成熟，此时应放置于室温下几天，待果肉成熟软化后再放入冰箱冷藏保存。此外，土豆、山药、芋头等根茎类蔬菜及枇杷、香蕉等水果最好不要放在冰箱里冷藏。

要诀六：巧搭配，更美味

自制蔬果汁时，要注意蔬菜与水果的搭配，有些蔬菜水果含有一种会破坏维生素C的物质，如胡萝卜、南瓜、哈密瓜，若与其他蔬果搭配，会使其他蔬果的维生素C受破坏。

此外，由于蔬菜类食物榨成汁后大多口感不是很好，可添加一些水果搭配使用，这样不仅可以调和口味，还能使蔬果汁的营养更均衡。对于某些寒性蔬果，可添加一些五谷杂粮进行中和，如芝麻、杏仁、燕麦、核桃等，以避免体质偏寒的人多喝伤脾胃。

要诀七：少加糖

有些人喜欢加糖来增加蔬果汁口感，加糖会增加果汁的热量，容易造成肥胖。同时，糖分解时，会增加B族维生素的损耗及钙、镁的流失，降低营养价值。若榨出来的蔬果汁口感不佳，可以多利用香甜味较重的水果，如哈密瓜、凤梨作为搭配，或是适量加些蜂蜜，以增加维生素B_6的摄取。

要诀八：连渣带汁一起喝

很多人喝蔬果汁为了保持好的口感，会选择将果渣滤掉，这样会损失许多蔬果里面的膳食纤维。如苹果、梨、黄瓜等蔬果就非常适合连渣带汁一起饮用。

喝对蔬果汁有"学问"

蔬果汁营养丰富，对健康大有益处。但是，你知道蔬果汁怎样喝更有益呢？你的蔬果汁喝对了吗？小小一杯蔬果汁，喝起来也有大学问。要想获得事半功倍的效果，使营养更全面，饮用时需掌握以下原则。

〔适量饮用〕

蔬果汁虽然有诸多好处，但也不能过量饮用。过量饮用蔬果汁，容易衍生各种长期性疾病，使肠胃不适。人体需要的水分绝大部分还是应从白开水中摄取，蔬果汁的每日饮用量以200毫升较为适宜。

〔择时喝蔬果汁〕

饮用蔬果汁的最佳时间为早晨或饭后2小时。早上人体对蔬果汁的吸收能力最强、效果也最理想，不过早上饮用蔬果汁前，最好先吃一些主食。如果空腹喝酸度较高的蔬果汁，会对胃造成强烈刺激。

餐前或进餐时不宜饮用蔬果汁，因为蔬果汁的酸度会直接影响到胃肠道的酸度，从而冲淡消化液的浓度，而且新鲜蔬果汁中的果酸还会与膳食中的某些营养成分结合影响这些营养成分的消化吸收，使人们在吃饭时感到胃部胀满，吃不下饭，饭后消化不好等等。故可选择饭后2小时喝蔬果汁，这样就不会干扰正餐在肠胃中的消化。

此外，还应避免睡前喝蔬果汁，以免加重肾脏负担，造成手脚和脸部的浮肿。

〔随榨随饮〕

新鲜榨取的蔬果汁中含有丰富的营养素，但如果温度升高或放置时间过久，就会由于光线及温度的破坏，造成营养素的流失。因此，制成的蔬果汁最好在半小时内喝完，这样才能发挥其最大的效用。

〔泡沫不要丢弃〕

通常在用榨汁机榨好的蔬果汁上面都会有一层厚厚的泡沫，一般我们都会因为它没有味道或者看起来并不好看而将之丢弃。然而医学研究证明，这层泡沫中其实含有非常丰富的酵素，酵素是人体进行所有生命活动时所必需的营养素，是保持身体健康、抗衰老的关键所在，具有抗炎抗菌、净化血液、增强免疫力等诸多作用。遗憾的是这种酵素很容易就散掉，因此，最好尽快喝完才能保证其活性。

〔蔬果汁的好伴侣〕

白开或纯净水

有些蔬菜水果很容易榨汁，但对于水分较少的胡萝卜、苹果等，就需要加水辅助榨汁。而且，对于吸收能力较弱的儿童

和老年人，太浓的蔬果汁也需加水稀释。

蜂蜜

蜂蜜本身营养丰富，且不会使人发胖，对于营养价值高但口味欠佳的蔬果汁，可适量加些蜂蜜调节口味。

冰块

不好喝的蔬果汁加上冰块口感会好很多，且在搅打食物时，先放入冰块，不但能减少轧制过程中产生的气泡，还能防止营养成分发生氧化。

柠檬汁

除了能调节口味外，柠檬汁的最大作用是不让蔬果汁氧化变色。

〔每天坚持饮用 〕

蔬果汁含有丰富的营养素，不仅可以弥补每日蔬菜、水果摄取量过少的不足，同时还具有瘦身美颜的功效。

蔬果汁还可使用同色系的食材榨制，让视觉和味觉得到双重享受。尤其适合平时不喜欢吃蔬菜、水果的人。

坚持每天喝1~2杯蔬果汁，并持之以恒，这样可慢慢调节体质，达到健康养生的目的。

〔不宜一饮而尽 〕

在喝蔬果汁时，很多人往往喜欢一饮而尽，其实正确的喝法应是一口一口慢慢喝，这样才容易令其完全被吸收；若一饮而尽的话，蔬果汁中的糖分会很快进入血液中，使血糖迅速上升。对于喜欢大口饮用的人来说，可在蔬果汁中加入适量温水，待稀释后再饮用。

〔不宜加热 〕

水果在榨汁过程中会在一定程度上破坏维生素，而过度加热不仅会使水果的香气跑掉，而且还会加剧这种对维生素的破坏程度，因此新鲜蔬果汁不宜加热饮用，常温或冷藏后食用更有营养。

如果冬季孩子或老人喝蔬果汁时觉得太凉的话，可以采取加温开水或者将果汁杯放在热水中浸泡的方法处理后再饮用。切记不可放在微波炉里加热或直接蒸煮，否则会使营养成分大量流失。

〔不宜与牛奶同饮 〕

牛奶含有丰富的蛋白质，而蔬果汁大多为酸性，会使蛋白质在胃中凝结成块，吸收不了，从而降低了牛奶和蔬果汁的营养价值。

〔不宜送服药物 〕

蔬果汁中的果酸容易导致各种药物提前分解和溶化，不利于药物在小肠内吸收，影响药效，有的药物在酸性环境中还会增加副作用，对人体产生不利影响。因此，不宜用蔬果汁送服药物。

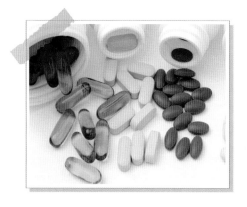

不同人群怎样喝蔬果汁

　　鲜榨果汁之所以如此受欢迎，自然与它富含维生素是分不开的。不同体质的人适合喝不同的蔬果汁，而各种蔬果汁也有不同的适应人群。那么，女性、老人、儿童等不同人群该怎样喝蔬果汁呢？

〔婴幼儿〕

　　蔬果汁富含多种天然营养素，相对于人工添加的各种营养素来说，更安全也更易吸收，其所含的膳食纤维还有助于婴幼儿的肠道健康。经常饮用，可全面补充婴幼儿的营养，增强其抵抗力。特别是随着宝宝一天天长大，食用的食物种类也越来越多，每天给宝宝饮用多种不同颜色的蔬果汁，可以帮助宝宝养成健康的饮食习惯，避免挑食、偏食。

　　一般来说，宝宝在满2个月后可饮用一些按照一定比例用温开水稀释后的蔬果汁，刚开始要少量进食，让宝宝的身体有一个适应的过程，并观察宝宝的接受情况，避免出现过敏反应。4个月以后混合喂养或人工喂养的宝宝则可以根据其体质在两顿奶之间添加部分新鲜蔬果汁，添加期间要注意观察宝宝大便情况是否正常。

　　如果不加糖宝宝也愿意喝，最好就不要加糖。若宝宝不太喜欢喝蔬果汁，则可以选择糖分含量较高的水果。每次以给宝宝喂食20~30毫升蔬果汁为宜。如果宝宝特别爱喝，对大便也没有任何影响，每天也可喂2次，量可以逐渐增加。

〔儿童〕

　　据美国一项科学研究表明，饮用蔬果汁可让儿童和青少年更好地吸收生长发育所需要的维生素C、钾、镁等关键营养，且其对额外的糖的摄入量也会明显减少。因此，饮用新鲜榨取的蔬果汁，有助于促进儿童和青少年的健康。

　　但是，由于蔬果汁的纤维含量比较高，容易让人有饱足感，儿童在喝过蔬果汁后，食欲会大大减弱，从而减少正餐的摄取。所以，对处于生长发育阶段的儿童来说，要合理、适量地饮用蔬果汁，每天的饮用量最好不要超过400毫升。对于吸收能力较弱的儿童，太浓的蔬果汁应加水稀释后再饮用。

〔男性〕

很多男性由于经常抽烟、喝酒、饮食不当、熬夜等，久而久之体内的烟毒、酒毒和过多的肉类食品就会造成体内毒素堆积，多表现为记忆衰退、精力不集中、食欲不振、失眠等。男性每天喝一杯蔬果汁对身体大有好处，其含有的维生素C、维生素E等抗氧化剂，可帮助消除体内的自由基，具有抗衰老、增强机体免疫力的作用。将胡萝卜、洋葱、芹菜、甜椒、菠菜、苦瓜、莴苣、柠檬、猕猴桃、草莓等蔬果榨制成汁，都非常适合男性饮用。

〔女性〕

蔬果汁不仅能为我们提供人体健康所需的维生素和营养素，其所含的抗氧化剂还是抵抗衰老的秘密武器。女性经常饮用蔬果汁，可起到养颜美容、排毒瘦身、延缓衰老、激发人体免疫功能和抗病能力的作用。例如，胡萝卜汁含有胡萝卜素和维生素等，可刺激皮肤的新陈代谢，增进血液循环，从而使肤色红润，对美容健肤有独到的功效。黄瓜汁清甜爽口，且其脂肪和糖含量较少，对女性而言，是较为理想的减肥饮品。

〔孕妈妈〕

孕妈妈喝蔬果汁，能很好地补充孕期所需的水分以及宝宝生长发育所需要的养分，同时还可在一定程度上解决孕妈妈在怀孕期间牙口不好的问题。此外，由于蔬果汁中富含膳食纤维，能帮助胃肠蠕动，因而还可缓解孕妈妈在怀孕期间便秘的现象。孕妈妈可根据实际需要搭配适宜的水果和蔬菜来制作适合自己营养需要的蔬果汁。用土豆、莴苣、菠菜、红薯、西红柿、芦柑、榴莲、菠萝、草莓等榨制成蔬果汁，都较适合孕妈妈饮用。

〔老年人〕

老年人的胃肠功能减退，对食物中营养物质的吸收效率也在降低，把蔬果榨成汁，不但能使人体充分吸收蔬果中的营养成分，还有助于抵抗身体衰老、减少慢性疾病的发生。而且，蔬果被打成汁后，由于不会添加油、盐，营养成分也更容易被原汁原味地吸收。老年人，尤其是牙不好的老年人，每天都应适当补充1~2杯蔬果汁。不过，老年人应根据自身的身体情况来选择蔬果，尤其是肠胃较敏感或体寒的老年人要更加注意，可以先试着少喝点，如果没有异常反应，再接着喝。

值得注意的是，并不是所有人都适合喝蔬果汁，肾病患者、糖尿病人以及溃疡、急慢性胃肠炎患者和肾功能欠佳者均不宜喝蔬果汁。

Part 2

一天一杯，
可爱宝宝成长蔬果汁

　　一杯鲜榨蔬果汁，往往要比市面上销售的果汁、饮料更安全，它富含多种天然的营养素，其吸收利用率自然要比加工后的果汁高出许多。为宝宝调配一杯爱的蔬果汁，不仅让宝宝好消化，有助于保护宝宝的肠道健康，而且还能提高宝宝的免疫力，让宝宝少生病，如此一举多得的事，妈妈们又怎能轻易错过呢？

番石榴汁

难易度：★☆☆　　👥 1人份

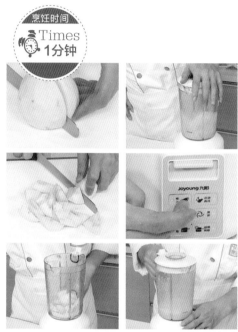

烹饪时间
Times
1分钟

🌿 **原 料**

番石榴…100克

🔪 **做 法**

1. 将洗净去皮的番石榴对半切开。

2. 番石榴改切成小块，备用。

3. 取来备好的榨汁机，选择搅拌刀座组合，倒入切好的番石榴。

4. 注入适量矿泉水，盖上盖。

5. 通电后选择"榨汁"功能。

6. 搅拌一会儿，榨取番石榴汁；断电后倒出榨好的汁水，倒入玻璃杯中即成。

难易度：★☆☆

2人份

香浓玉米汁

🍎 原料

玉米粒…130克
蜂蜜…30克

烹饪时间
Times
4分钟

🥄 做法

1. 锅中注入适量清水烧开，倒入洗净的玉米粒；盖好盖子，用大火煮约3分钟，至食材断生。

2. 揭盖，关火后将锅中的材料连汤水一起盛入碗中，放凉备用。

3. 取备好的榨汁机，倒入碗中的材料，盖好盖子。

4. 选择"榨汁"功能，榨约40秒钟；倒出玉米汁，滤入杯中，加入蜂蜜，拌匀即可。

黄瓜胡萝卜汁

难易度：★☆☆　　👤 3人份

烹饪时间
Times
2分钟

🍎 原 料

胡萝卜…150克
黄瓜…180克

🔪 做法

1. 洗净的黄瓜切成条，再切成小块。

2. 洗好的胡萝卜切成条，再切成丁，备用。

3. 取榨汁机，选择搅拌刀座组合。

4. 倒入切好的胡萝卜、黄瓜。

5. 加入适量纯净水，盖好盖子。

6. 选择"榨汁"功能，榨取黄瓜胡萝卜汁；断电后将榨好的果汁倒入滤网中，过滤到杯中即可。

难易度：★☆☆

2人份

酸甜西瓜汁

烹饪时间
Times
1分钟

🍴 原 料

西瓜肉…125克

益力多…100毫升

蜂蜜少许

🥄 做 法

1. 西瓜肉切小块。

2. 取榨汁机，选择搅拌刀座组合，倒入切好的西瓜肉。

3. 倒入备好的益力多和蜂蜜，盖好盖子。

4. 选择"榨汁"功能，榨取果汁；断电后倒出榨好的果汁，装入杯中即成。

猕猴桃马蹄汁

难易度：★☆☆　　3人份

烹饪时间
Times
1分钟

原 料

猕猴桃…200克

马蹄肉…80克

做 法

1. 洗净去皮的马蹄肉切厚片。

2. 洗好的猕猴桃切小块，备用。

3. 取榨汁机，选择搅拌刀座组合，倒入切好的马蹄、猕猴桃。

4. 注入适量纯净水。

5. 盖上盖，选择"榨汁"功能，榨约30秒。

6. 将榨好的果汁滤入杯中，撇去浮沫即可食用。

芒果汁

难易度：★☆☆

2人份

烹饪时间 Times 1分钟

○ **原 料**

芒果…125克

白糖少许

○ **做 法**

1. 洗净的芒果取果肉，切小块。

2. 取备好的榨汁机，倒入切好的芒果。

3. 加入少许白糖，注入适量纯净水，盖好盖子。

4. 选择"榨汁"功能，榨取芒果汁；断电后倒出榨好的芒果汁，装入杯中即成。

胡萝卜梨汁

难易度：★☆☆　　👥 2人份

🌍 原 料

雪梨…150克　　蜂蜜…10克
胡萝卜…70克

烹饪时间
Times
1.5分钟

✂ 做 法

1. 将洗净的雪梨切瓣，去核，切成小块。

2. 洗净的胡萝卜切成丁，备用。

3. 取榨汁机，选择搅拌刀座组合，把切好的材料放入榨汁机搅拌杯中。

4. 加适量矿泉水，盖上盖子。

5. 通电后选择"榨汁"功能，充分搅拌，榨出蔬果汁。

6. 断电后揭盖，加入蜂蜜，盖上盖子，再次通电后搅拌一会儿；断电后将榨好的蔬果汁盛入杯中即可。

香蕉牛奶饮

难易度：★☆☆
2人份

烹饪时间
Times
1分钟

原料

香蕉…100克
牛奶…100毫升

调料

蜂蜜…25克
白糖少许

做法

1.香蕉取果肉切小块。

2.取榨汁机，选择搅拌刀座组合，倒入切好的香蕉，注入牛奶。

3.倒入适量纯净水，加入少许白糖，盖好盖子。

4.选择"榨汁"功能，榨出香蕉汁；断电后将榨好的果汁装入杯中，加入适量蜂蜜调匀即可。

菠菜汁

难易度：★★☆　　👥 1人份

烹饪时间
Times
2.5分钟

🍃 原 料

菠菜…90克
蜂蜜…20毫升

🥄 做 法

1. 开水锅中，放入洗净的菠菜，拌匀，煮1分钟，至其变软，捞出，沥干水分。

2. 将放凉的菠菜切段，装入盘中，备用。

3. 取来备好的榨汁机，选择搅拌刀座组合，倒入菠菜。

4. 注入适量温开水，盖好盖。

5. 选择"榨汁"功能，搅打成汁水。

6. 断电后倒出菠菜汁，装入杯中，撇去浮沫；加入蜂蜜，拌匀即可。

黄瓜汁

难易度：★☆☆

👥 一人份

烹饪时间
Times
1分钟

🍎 **原 料**

黄瓜…120克

✐ **做 法**

1. 将洗净的黄瓜划成细条形，再切成丁，备用。

2. 取榨汁机，选择搅拌刀座组合，倒入黄瓜丁。

3. 注入少许纯净水，盖上盖。

4. 选择"榨汁"功能，榨取黄瓜汁；断电后倒出榨好的黄瓜汁，装入杯中即可。

橘柚汁

难易度：★☆☆　　👥 2人份

🍃 **原 料**

　柚子…100克

　橘子…90克

🍳 **做 法**

1. 将洗净的橘子剥取果肉。

2. 柚子剥去果皮，撕成小瓣，待用。

3. 取来备好的榨汁机，选择搅拌刀座组合，倒入备好的果肉。

4. 注入适量矿泉水，盖好盖。

5. 通电后选择"榨汁"功能。

6. 搅拌一会儿，榨出果汁；断电后倒出榨好的汁水，装入碗中即成。

火龙果汁

难易度：★☆☆

3人份

烹饪时间
Times
1分钟

🥄 **原 料**

火龙果…350克

✒ **做 法**

1.洗净的火龙果去除头尾，切开，去除果皮，将果肉切小块，备用。

2.取榨汁机，选择搅拌刀座组合。

3.倒入切好的火龙果，注入适量温开水，盖上盖。

4.选择"榨汁"功能，榨取果汁；断电后将果汁倒入杯中即可。

葡萄苹果汁

难易度：★☆☆　　🍴 3人份

烹饪时间
Times
1.5分钟

原料

葡萄…100克　　柠檬…70克

苹果…100克　　蜂蜜…20克

做法

1. 将洗好的苹果切瓣去核，再切成小块。

2. 取榨汁机，选搅拌刀座组合，倒入苹果。

3. 加入洗净的葡萄。

4. 榨汁机中注入适量矿泉水。

5. 盖上盖，选择"榨汁"功能榨取果汁。

6. 揭盖，倒入适量蜂蜜；再次盖上盖，选择"榨汁"功能，将果汁搅拌均匀；揭盖，把榨好的果汁倒入杯中，挤入几滴柠檬汁，拌匀即可。

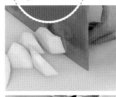

难易度：★☆☆

2人份

黄瓜雪梨汁

烹饪时间
Times
1分钟

原料

黄瓜…120克
雪梨…130克

做法

1. 洗好的雪梨切瓣，去核，去皮，切小块。

2. 洗净的黄瓜去皮，切开，再切成条，改切成丁，备用。

3. 取榨汁机，选择搅拌刀座组合，将切好的雪梨、黄瓜倒入搅拌杯中。

4. 加入适量矿泉水，盖上盖，选择"榨汁"功能，榨取果汁；断电后揭开盖，将榨好的果汁倒入杯中即可。

葡萄胡萝卜汁

难易度：★☆☆　　🖐 1人份

烹饪时间 Times 1分钟

○ 原 料

　葡萄…75克

　胡萝卜…50克

🔪 做 法

1. 胡萝卜洗净切开，切条形，改切成丁。

2. 洗好的葡萄切开，切小瓣，备用。

3. 取榨汁机，选择搅拌刀座组合，倒入切好的葡萄、胡萝卜。

4. 加入适量温开水。

5. 盖盖，选择"榨汁"功能榨出蔬果汁。

6. 断电后，取下搅拌杯，将榨好的蔬果汁倒入杯中即可。

西瓜西红柿汁

难易度：★☆☆

4人份

烹饪时间
Times
1分钟

◯ 原料

　西红柿…120克

　西瓜…300克

◢ 做法

1. 洗好的西红柿去蒂，对半切开，改切成小块，备用。

2. 取榨汁器，选择搅拌刀座组合，倒入西红柿。

3. 加入切好的西瓜，倒入少许矿泉水。

4. 盖盖，选择榨汁功能，榨取蔬果汁；断电后将榨好的蔬果汁倒入杯中即可。

胡萝卜苹果汁

难易度：★★☆　👨‍👩‍👧 2人份

🧅 原 料

苹果…100克
胡萝卜…95克
水发海带丝…40克

烹饪时间
Times
6分钟

🍴 做 法

1.洗净去皮的胡萝卜切条形，再改切成小块，备用。

2.洗净的苹果取果肉，切成小块。

3.锅中注入适量清水烧热，倒入胡萝卜和海带丝。

4.盖上盖，用中火煮至食材熟软。

5.关火，揭盖，连汤水一起盛入碗中，放凉备用。

6.取备好的榨汁机，倒入备好的胡萝卜、海带丝以及切好的苹果。

7.盖好盖子，选择"榨汁"功能，榨出蔬果汁。

8.断电后倒出榨好的蔬果汁即成。

🥄 健康小贴士

宝宝常食胡萝卜能健脾除疳、提高机体免疫力；海带丝焯煮好后，可用温水浸泡一会儿，这样更易吸收其营养。

胡萝卜菠萝苹果汁

难易度：★☆☆　　👥 3人份

烹饪时间
Times
1.5分钟

🍶 原 料

胡萝卜…100克　苹果…110克
菠萝…100克

⚙ 做 法

1. 洗净去皮的胡萝卜切块，再切条，改切成丁。

2. 洗好的苹果去皮，切小块。

3. 菠萝洗净去皮，去除硬芯，改切成小块。

4. 取榨汁机，选择搅拌刀座组合，倒入切好的胡萝卜、菠萝、苹果。

5. 加入适量清水，盖上盖。

6. 选择"榨汁"功能，榨取蔬果汁；揭开盖子，把榨好的蔬果汁倒入杯中即可。

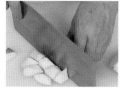

苹果汁

难易度： ★☆☆

一人份

烹饪时间
Times
2分钟

◎ 原 料

苹果…90克

◎ 做 法

1. 将洗净的苹果削去果皮，果肉切瓣，去除果核，再切成丁，备用。

2. 取榨汁机，选择搅拌刀座组合，倒入切好的苹果丁。

3. 注入少许温开水。

4. 盖上盖，选择"榨汁"功能，榨取苹果汁；断电后倒出苹果汁，装入碗中即可。

苹果橘子汁

难易度：★☆☆　　👤 2人份

烹饪时间
Times
1分钟

○ 原　料

　　苹果…100克

　　橘子肉…65克

○ 做　法

　1.橘子剥去果皮，取果肉，切成小块。

　2.苹果洗净切成瓣，改切成小块，备用。

　3.取榨汁机，选择搅拌刀座组合，倒入苹果、橘子肉。

　4.注入适量矿泉水。

　5.盖上盖，选择"榨汁"功能，榨取苹果橘子汁。

　6.断电后，倒出果汁即可。

橙子汁

难易度：★☆☆

2人份

烹饪时间 Times 1分钟

○ 原 料

橙子肉…120克

◎ 做 法

1. 橙子肉切成小块。

2. 取备好的榨汁机，倒入切好的橙子肉。

3. 注入适量纯净水，盖好盖子。

4. 选择"开始"键，榨取橙子汁；断电后倒出橙汁，装入杯中即可。

香蕉李子汁

难易度：★☆☆　👥 2人份

🌿 **原 料**

香蕉…200克

李子…150克

🔪 **做 法**

1. 洗净的香蕉去皮，再切成小段。

2. 洗净的李子切开，去核，再切成小块，备用。

3. 取榨汁机，选择搅拌刀座组合，倒入切好的香蕉、李子。

4. 注入适量纯净水。

5. 盖上盖，选择"榨汁"功能榨约30秒。

6. 取一个杯子，将榨好的果汁滤入杯中，即可饮用。

烹饪时间
Times
1分钟

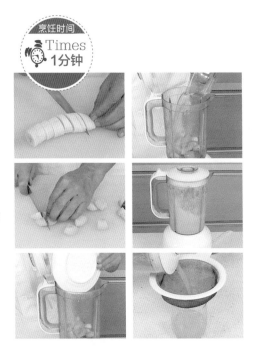

香蕉葡萄汁

难易度：★☆☆

3人份

烹饪时间
Times
1分钟

原 料

香蕉…150克

葡萄…120克

做 法

1. 香蕉去皮，果肉切成小块，备用。

2. 取榨汁机，选择搅拌刀座组合，将洗好的葡萄倒入搅拌杯中。

3. 再加入切好的香蕉，倒入适量纯净水。

4. 盖上盖，选择"榨汁"功能，榨取果汁；揭盖，将榨好的果汁倒入杯中即可。

雪梨汁

难易度：★☆☆　　👥 2人份

烹饪时间
Times
1.5分钟

🎧 原 料

雪梨…270克

🥄 做 法

1. 洗净去皮的雪梨切开，去核，把果肉切成小块，备用。

2. 取榨汁机，选择搅拌刀座组合，倒入切好的雪梨块。

3. 注入适量温开水。

4. 盖上盖，选择"榨汁"功能。

5. 断电后倒出榨好的雪梨汁。

6. 将榨好的果汁装入玻璃杯中即可。

Part 3
一天一杯，
快乐儿童益智蔬果汁

　　孩子的成长离不开妈妈的细心呵护，儿童正处于身体和智力发育的关键时期，对营养素的需求比成人要多很多，每天喝一杯营养丰富的蔬果汁，不仅能为孩子及时补充身体所需的营养，而且还能让他们越喝越聪明。看看本章为您推荐的健康蔬果汁吧，除了详细的步骤介绍外，还有健康小贴士助您一臂之力。您会发现让孩子喝上有滋有味又益智的蔬果汁，其实很简单。

猕猴桃香蕉汁

难易度：★☆☆　　👥 2人份

🍎 原料

猕猴桃…100克　蜂蜜…15克
香蕉…100克

🥄 做法

1. 香蕉剥去果皮，切成小块。

2. 洗净去皮的猕猴桃对半切开，去除硬芯，改切成小块，备用。

3. 取榨汁机，选择搅拌刀座组合，倒入切好的猕猴桃、香蕉。

4. 加入适量矿泉水，盖上盖，榨取果汁。

5. 揭盖，倒入适量蜂蜜。

6. 盖盖，再次选择"榨汁"功能，搅拌均匀；断电，把拌匀的果汁倒入杯中即可。

烹饪时间
Times
2分钟

难易度：★☆☆

👥2人份

冬瓜菠萝汁

🥗 原 料

冬瓜肉…100克

菠萝肉…90克

烹饪时间

Times

1分钟

🥄 做 法

1. 去皮清洗干净的冬瓜肉先切大块，后切成小块。

2. 去皮清洗干净的菠萝肉先切大块，后切小块。

3. 取备好的榨汁机，倒入切好的冬瓜块、菠萝块。

4. 注入适量纯净水，盖好盖子，选择"榨汁"功能，榨取蔬果汁；断电后倒出蔬果汁，装入杯中即可。

西红柿芹菜莴笋汁

难易度：★★☆　👥 2人份

烹饪时间 Times 4分钟

🍇 原 料

西红柿…100克　芹菜…70克

莴笋…150克　　蜂蜜…15克

🥄 做 法

1. 将芹菜切段，莴笋、西红柿成丁备用。

2. 锅中注入适量清水烧开，倒入莴笋丁、芹菜段，略煮；捞出，沥干水分，待用。

3. 取榨汁机，选择搅拌刀座组合，将备好的食材倒入搅拌杯中。

4. 往榨汁机中加入适量纯净水。

5. 往榨汁机中加入适量的蜂蜜。

6. 盖盖，选择"榨汁"功能榨取蔬果汁；揭盖，将拌匀的蔬果汁倒入杯中即可。

桃子甜瓜汁

难易度：★☆☆

🍴 2人份

烹饪时间
Times
1分钟

🥦 原料

桃子…85克

香瓜…65克

🔪 做法

1. 桃子洗好切取果肉，再切小块；洗净去皮的香瓜切瓣，去籽，改切成小块，备用。

2. 取榨汁机，选择搅拌刀座组合，倒入备好的桃子、香瓜。

3. 注入适量矿泉水，盖盖，选择"榨汁"功能，榨取果汁。

4. 断电后揭盖，将榨好的果汁倒入杯中即可。

石榴梨思慕雪

难易度：★☆☆　　🍴 2人份

烹饪时间
Times
1分钟

原 料

石榴…120克　　牛奶…90毫升

雪梨…100克　　香蕉少许

做 法

1.清洗干净的石榴取果肉粒，待用。

2.清洗干净的雪梨取果肉，切小块。

3.取榨汁机，倒入石榴果粒，注入适量纯净水，榨取石榴汁。

4.将榨好的石榴汁倒入杯中，备用。

5.在榨汁机中放入雪梨、香蕉、牛奶，倒入榨好的石榴汁。

6.选择第一档，榨出汁水；断电后倒出榨好的果汁，装入杯中即成。

难易度：★☆☆

2人份

西瓜西红柿汁

🍴 原 料

西瓜果肉…120克

西红柿…70克

烹饪时间
Times
1分钟

🔪 做 法

1.将清洗干净的西瓜先切大块，再切成小块。

2.清洗干净的西红柿先切开，再切成小瓣，待用。

3.取榨汁机，选择搅拌刀座组合，倒入切好的西瓜、西红柿。

4.注入少许纯净水，盖上盖，选择"榨汁"功能，榨取蔬果汁；断电后倒出榨好的蔬果汁，装入备好的碗中即可。

芹菜葡萄梨子汁

难易度：★☆☆　　👫 2人份

🥬 原 料

雪梨…100克　　葡萄…100克
芹菜…60克

🔪 做 法

1. 清洗干净的芹菜切成粒。

2. 洗净的雪梨去皮，去核，切成小块。

3. 洗净的葡萄切成小块。

4. 取榨汁机，倒入切好的食材。

5. 加入适量矿泉水。

6. 选择"榨汁"功能，榨取蔬果汁；揭开
盖子，将榨好的蔬果汁倒入杯中即可。

鲜榨菠萝汁

难易度：★☆☆

2人份

Times
2分钟
烹饪时间

🍄 原 料

菠萝肉…270克

🍴 做 法

1.清洗干净的菠萝肉先切大块，再切小丁块。

2.取榨汁机，放入适量的菠萝肉块。

3.选择第一档，榨出汁水。

4.分两次倒入余下的果肉，榨取菠萝汁，将榨好的菠萝汁倒入杯中即可。

猕猴桃西蓝花青苹果汁

难易度：★★☆　　👫 2人份

烹饪时间
Times
3分钟

🍊 原料

猕猴桃…80克　西蓝花…80克
青苹果…100克　蜂蜜…10克

🔪 做法

1. 青苹果洗好去皮切成瓣，去核切小块。

2. 洗净的猕猴桃和西蓝花均切成小块。

3. 开水锅中，将切好的西蓝花焯煮至断生，捞出，沥干。

4. 取榨汁机，选择搅拌刀座组合，倒入备好的食材。

5. 加入适量纯净水、适量蜂蜜。

6. 盖盖，选择"榨汁"功能榨取果汁；揭盖，将榨好的蔬果汁倒入杯中即可饮用。

杨桃甜橙汁

难易度：★☆☆

2人份

烹饪时间
Times
2分钟

原料

杨桃…165克

橙子…120克

做法

1. 洗净的杨桃切开，去除硬芯，改切成小块。

2. 洗好的橙子切成瓣，去除果皮，再切成块，备用。

3. 取榨汁机，选择搅拌刀座组合，倒入切好的杨桃、橙子，注入适量温开水。

4. 盖上盖，选择"榨汁"功能，榨取果汁；断电后将果汁倒入杯中即可。

薄荷黄瓜雪梨汁

难易度：★☆☆　　🧍2人份

⊙ 原 料

薄荷…10克　　雪梨…200克

黄瓜…180克

⊙ 调 料

蜂蜜…15克

⊙ 做 法

1.清洗干净的黄瓜切条，改切成丁。

2.清洗干净的雪梨切块，去皮，再切成小块，备用。

3.取榨汁机，选择搅拌刀座组合，倒入黄瓜丁、雪梨块、薄荷。

4.加入适量矿泉水，盖上盖。

5.选择"榨汁"功能，榨取蔬果汁。

6.揭开盖，往榨汁机中加入适量蜂蜜。

7.盖上盖，再次选择"榨汁"功能，将果汁搅拌均匀。

8.断电后倒出榨好的蔬果汁，装入备好的杯中即可。

烹饪时间
Times
2分钟

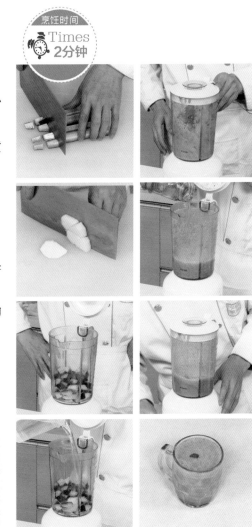

⊙ 健康小贴士

薄荷含有薄荷醇，具有利尿、化痰、健胃和助消化等功效，适合消化不良的儿童食用，且黄瓜还有安神定志的作用。

酸甜猕猴桃柳橙汁

难易度：★☆☆　　👤 2人份

🕐 **原料**

猕猴桃…80克　蜂蜜…10毫升

橙子…90克

🔪 **做法**

1.洗净的橙子剥取果肉，切成小块。

2.洗净去皮的猕猴桃对半切开，去除硬芯，改切成小块，待用。

3.取榨汁机，选择搅拌刀座组合，倒入猕猴桃、橙子，加入适量矿泉水。

4.盖盖，选择"榨汁"功能，榨取果汁。

5.揭开盖子，放入适量蜂蜜。

6.盖盖，再选择"榨汁"功能，搅匀；断电后揭盖，把榨好的果汁倒入杯中即可。

烹饪时间
Times
2分钟

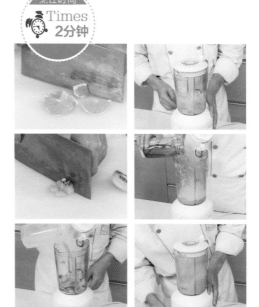

雪梨猕猴桃豆浆

难易度：★☆☆　　👫 2人份

🍐 **原 料**

雪梨…50克　　水发黄豆…60克

猕猴桃…40克

🥄 **做 法**

烹饪时间
Times
16分钟

1. 将洗净去皮的猕猴桃切成丁。

2. 洗净去皮的雪梨去核，改切小块。

3. 黄豆搓洗干净，沥干水分，备用。

4. 将黄豆、猕猴桃、雪梨倒入豆浆机。

5. 注入适量清水，至水位线即可；盖上豆浆机机头，选择"五谷"程序，再选择"开始"键，运转15分钟。

6. 将豆浆机断电，取下机头，把煮好的豆浆滤入杯中，待稍微放凉后即可饮用。

莴笋菠萝蜂蜜汁

难易度：★★☆　　👶 2人份

🍎 原 料

菠萝肉…180克
莴笋…65克

🍶 调 料

蜂蜜…20克

🥄 做 法

1. 锅中注入适量清水，用大火烧开；放入清洗干净的莴笋块，煮约1分30秒。

2. 将煮好的莴笋从锅中捞出，沥干水分，放凉待用。

3. 将放凉的莴笋切成小块。

4. 去皮洗净的菠萝肉切成小块，备用。

5. 取榨汁机，选择搅拌刀座组合。

6. 倒入切好的莴笋、菠萝肉。

7. 加入少许蜂蜜，注入适量纯净水。

8. 盖上盖，选择"榨汁"功能，榨取蔬果汁；断电后倒出蔬果汁，装入杯中即可。

烹饪时间
Times
3分钟

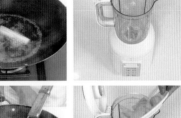

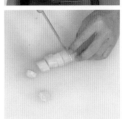

🍵 健康小贴士

儿童常食莴笋能促进骨骼生长发育、增进食欲、保护牙齿；蜂蜜具有润肠通便的功效，可预防小儿便秘。

桃子胡萝卜汁

难易度：★☆☆　　👥 2人份

烹饪时间
Times
1分钟

🥄 原料

桃子…120克
胡萝卜…85克

🔪 做法

1. 清洗干净的桃子去头尾，切取果肉，改切成小块。

2. 清洗干净的胡萝卜，先去皮，后切条形，改切成丁，备用。

3. 取榨汁机，选择搅拌刀座组合，倒入切好的桃子、胡萝卜。

4. 往榨汁机中加入适量矿泉水。

5. 盖上盖，选择"榨汁"功能，榨取汁水。

6. 断电后揭盖，倒出果汁撇去浮沫即可。

难易度：★☆☆

2人份

圣女果芒果汁

🥦 原料

芒果…135克

圣女果…90克

烹饪时间 Times 1分钟

🍴 做法

1.清洗干净的圣女果对半切开。

2.清洗干净的的芒果取果肉，改切成小块。

3.取榨汁机，倒入切好的圣女果和芒果。

4.注入适量纯净水，盖上盖子，选择"榨汁"功能，榨出果汁；断电后倒出果汁，装入备好的杯中即成。

山药地瓜苹果汁

难易度：★★☆　　👫 2人份

烹饪时间
Times
4分钟

🍠 原 料

地瓜…85克　　山药丁…90克

苹果块…75克

🧭 做 法

1.锅中注入适量清水烧开。

2.倒入备好的地瓜丁、山药丁，用中火煮至食材断生。

3.揭盖，捞出地瓜、山药丁，浸入凉水中。

4.取备好的榨汁机，倒入放凉后的地瓜、山药、苹果。

5.注入适量纯净水，盖好盖子。

6.选择"榨汁"功能，榨出蔬果汁；断电后倒出蔬果汁，装入杯中即成。

菠萝橙汁

难易度：★☆☆

2人份

🔹 **原 料**

菠萝肉…100克
橙子肉…70克

烹饪时间
Times
1分钟

✅ **做 法**

1. 清洗干净的菠萝肉先切大块，后改切成小丁块。

2. 清洗干净的橙子肉先剥皮，再切成小块。

3. 取榨汁机，选择搅拌刀座组合，倒入切好的菠萝和橙子肉。

4. 注入适量纯净水，选择"榨汁"功能，榨取果汁；断电后倒出橙汁，装入备好的杯中即可饮用。

香芒菠萝椰汁

难易度：★☆☆　　👥 2人份

烹饪时间
Times
1分钟

🍇 原料

芒果…120克　　椰汁…350毫升
菠萝肉…170克

🥄 做法

1. 洗净的菠萝肉切开，切成小块。

2. 将芒果切开，去皮，切取果肉，改切成小块，备用。

3. 取榨汁机，选择搅拌刀座组合，倒入芒果肉、菠萝肉，加入椰汁。

4. 盖上盖，选择"榨汁"功能，榨取果汁。

5. 将榨汁机断电。

6. 倒出果汁，装入杯中即可。

胡萝卜橙汁

难易度：★☆☆

🍴2人份

烹饪时间 Times 1分钟

🍊 原 料

胡萝卜…120克

橙子肉…80克

🥤 做 法

1. 洗净去皮的胡萝卜切厚片，改切小块。

2. 清洗干净的橙子剥取果肉，改切成小块。

3. 取榨汁机，选择搅拌刀座组合，倒入切好的胡萝卜和橙子，注入适量纯净水。

4. 盖好盖子，选择"榨汁"功能，榨取果汁；断电后倒出果汁，装入杯中即成。

黄瓜梨猕猴桃汁

难易度：★☆☆　　👥 2人份

烹饪时间
Times
2分钟

🥦 原 料

黄瓜…65克　　雪梨…85克

猕猴桃…100克

✏ 做 法

1.清洗干净的黄瓜切小块。

2.洗净去皮的猕猴桃切成小块。

3.雪梨洗净去皮切瓣去核，改切成小块。

4.取备好的榨汁机，倒入切好的黄瓜、猕猴桃、雪梨。

5.注入适量纯净水，盖好盖子。

6.选择"榨汁"功能，榨取蔬果汁；断电后倒入蔬果汁，装入杯中即成。

苹果樱桃汁

难易度：★☆☆

2人份

原料

苹果…130克

樱桃…75克

烹饪时间

Times

1分钟

做法

1.洗净去皮的苹果切开，去核，把果肉切小块。

2.清洗干净的樱桃去蒂，切开，去核，备用。

3.取榨汁机，选择搅拌刀座组合，倒入备好的苹果、樱桃，注入少许矿泉水。

4.盖好盖子，选择"榨汁"功能，榨取果汁；断电后揭开盖，倒出果汁，装入备好的杯中即可饮用。

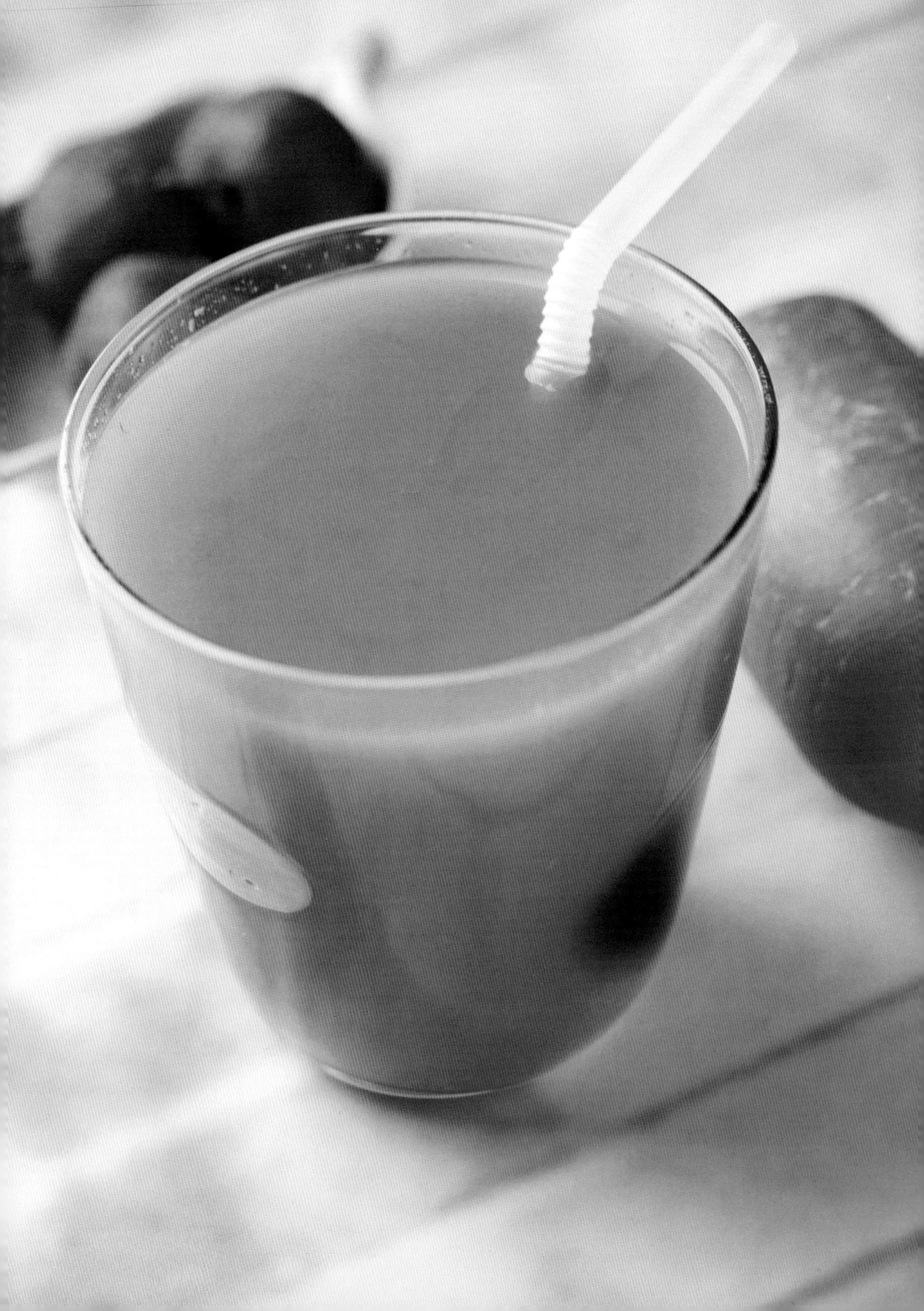

胡萝卜山楂汁

难易度：★★☆　👤1人份

🍃 原料

胡萝卜…80克
鲜山楂…50克

✅ 做法

1.将清洗干净的胡萝卜切条形，改切成小丁块，备用。

2.清洗干净的山楂对半切开，去除果核，备用。

3.取榨汁机，选择搅拌刀座组合，倒入切好的山楂、胡萝卜，注入适量温开水。

4.盖上盖，选择"榨汁"功能，榨出蔬果汁。

5.断电后倒入榨好的蔬果汁，装入备好的碗中，待用。

6.砂锅置火上，倒入汁水，用中火煲煮2分钟至熟。

7.揭开盖子，用勺搅拌均匀。

8.关火后盛出煮好的汁水，滤入杯中，待稍微冷却后即可饮用。

🕐 烹饪时间
Times
6分钟

💬 健康小贴士

儿童适量食用山楂能增进食欲、帮助消化、增强免疫力；用滤网过滤，蔬果汁口感会更细腻。

苦瓜苹果汁

难易度：★☆☆　　👥 3人份

🥕 原 料

苹果…180克　　食粉少许
苦瓜…120克

🔪 做 法

1. 开水锅中，撒上食粉，再放入苦瓜煮至断生，捞出，待用。

2. 将放凉后的苦瓜切丁。

3. 将洗净的苹果切瓣去核，改切成小块。

4. 取榨汁机，选择搅拌刀座组合，倒入切好的苦瓜和苹果。

5. 注入少许矿泉水，盖上盖。

6. 通电后选择"榨汁"功能；断电后倒出苦瓜苹果汁，装入杯中即成。

烹饪时间
Times
2分钟

紫甘蓝芒果汁

难易度：★☆☆　🍴 2人份

🥄 原 料

紫甘蓝…130克

芒果…110克

烹饪时间
Times
1分钟

🥄 做 法

1. 洗净的紫甘蓝切细丝。

2. 洗净去皮的芒果取果肉，切小块。

3. 取榨汁机，选择搅拌刀座组合，倒入切好的食材。

4. 注入适量纯净水，盖好盖子。

5. 选择"榨汁"功能，榨取蔬果汁。

6. 断电后倒出榨好的蔬果汁，装入备好的杯中即成。

玉米奶露

难易度：★★☆　👥 2人份

🍎 原 料

鲜玉米粒…100克
牛奶…150毫升

🥄 调 料

白糖…12克

烹饪时间
Times
4分钟

🥄 做 法

1. 汤锅中注入适量清水烧开，放入玉米粒，搅匀，用小火煮1分30秒至熟。

2. 将煮好的玉米捞出，装盘备用。

3. 把牛奶倒入汤锅中，改用中小火。

4. 倒入备好的白糖。

5. 拌煮约2分钟至白糖完全溶化。

6. 将煮好的牛奶盛入碗中，备用。

7. 取榨汁机，选择搅拌刀座组合，把煮熟的玉米倒入杯中，再加入煮好的牛奶。

8. 盖上盖子，选择"搅拌"功能，榨取玉米奶露；断电后，将榨好的玉米奶露盛入碗中即可。

🔵 健康小贴士

玉米中的纤维素含量很高，能刺激胃肠蠕动，起到预防儿童便秘的作用；还可选择加入胡萝卜汁，营养会更全面。

美味香蕉蜜瓜汁

难易度：★☆☆　　👥 2人份

烹饪时间
Times
2分钟

🥗 原料

香蕉…1根　　哈密瓜…100克

雪梨…120克　　蜂蜜…15克

做法

1. 将洗净去皮的哈密瓜切小块。

2. 雪梨洗净去皮切瓣去核，改切成小块。

3. 香蕉去皮，把果肉切成小块，备用。

4. 取榨汁机，选择搅拌刀座组合，把切好的水果放入榨汁机搅拌杯中。

5. 加适量矿泉水，盖上盖子；通电后选择"榨汁"功能，充分搅拌，榨出果汁。

6. 断电，揭盖加入蜂蜜，盖盖，通电后稍搅拌；断电后揭盖把果汁倒入杯中即可。

芹菜胡萝卜汁

难易度：
★☆☆
2人份

🥬 原 料

芹菜…70克

胡萝卜…200克

烹饪时间
Times
2分钟

🔪 做 法

1. 洗净去皮的胡萝卜切条块，改切成丁。

2. 清洗干净的芹菜切成粒，备用。

3. 取榨汁机，选择搅拌刀座组合，倒入切好的芹菜、胡萝卜，加入适量矿泉水。

4. 盖上盖子，选择"榨汁"功能，榨取蔬菜汁；断电后揭盖，把榨好的芹菜胡萝卜汁倒入备好的杯中即可。

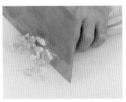

番石榴西芹汁

难易度：★☆☆　　👥 2人份

烹饪时间
Times
2分钟

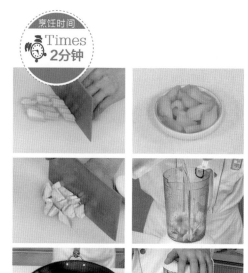

○ 原 料

　　番石榴…150克

　　西芹…100克

✎ 做 法

1.清洗干净的西芹切成段。

2.清洗干净的番石榴切小块，备用。

3.开水锅中，放入西芹焯煮片刻。

4.将煮好的西芹捞出，沥干水分，待用。

5.取榨汁机，选择搅拌刀座组合，将西芹、番石榴倒入榨汁机中，倒入适量矿泉水。

6.选择"榨汁"功能，榨取蔬果汁；把榨好的蔬果汁倒入杯中即可。

葡萄青瓜西红柿汁

难易度：★☆☆

👫2人份

🔘 原料

葡萄…100克

黄瓜…100克

西红柿…90克

烹饪时间 Times 1分钟

🥄 做法

1. 清洗干净的西红柿切开，再切成条，改切成小块。

2. 清洗干净的黄瓜切开，再切成条，改切成小块，备用。

3. 取榨汁机，选择搅拌刀座组合，放入清洗干净的葡萄，再加入切好的黄瓜、西红柿，倒入适量纯净水，盖上盖。

4. 选择"榨汁"功能，榨取蔬果汁；断电后揭开盖，将蔬果汁倒入杯中即可。

芦笋西红柿鲜奶汁

难易度：★☆☆　　👥 2人份

🔵 原 料

芦笋…60克　　牛奶…80毫升

西红柿…130克

✏️ 做 法

烹饪时间
Times
1分钟

1.清洗干净的芦笋切成段。

2.清洗干净的西红柿切成小块，备用。

3.取榨汁机，选择搅拌刀座组合，倒入切好的芦笋、西红柿。

4.注入适量矿泉水，盖上盖，选择"榨汁"功能，榨取蔬菜汁。

5.揭盖，倒入备好的牛奶。

6.再次选择"榨汁"功能，搅匀；断电，把搅拌匀的蔬菜汁倒入杯中即可。

水蜜桃酸奶

难易度：★☆☆

👤2人份

烹饪时间
Times
1分钟

🍵 **原 料**

水蜜桃…120克
酸奶…80克
冰块适量

🍵 **调 料**

白糖适量

🍵 **做 法**

1. 清洗干净的水蜜桃切取果肉，改切成小块。

2. 取榨汁机，选择搅拌刀座组合，放入切好的水蜜桃。

3. 倒入酸奶，撒上少许白糖，倒入备好的冰块。

4. 盖好盖子，选择"榨汁"功能，榨取果汁；断电后揭盖，倒出果汁，装杯即成。

包菜苹果蜂蜜汁

难易度：★★☆　　 2人份

🍎 原 料

包菜…150克
苹果…120克

🍯 调 料

蜂蜜…10克

烹饪时间
Times
3分钟

🥄 做 法

1.洗净的包菜去芯，切成小块。

2.清洗干净的苹果切瓣，去核，去皮，改切成小块。

3.开水锅中，倒入切好的包菜，拌匀，煮约1分钟，至熟软。

4.将焯煮好的包菜捞出，沥干水分待用。

5.取榨汁机，选择搅拌刀座组合，倒入包菜、苹果，加入适量纯净水。

6.盖上盖子，选择"榨汁"功能，榨取蔬果汁。

7.断电揭盖，倒入备好的蜂蜜，盖上盖。

8.将杯中果汁搅拌均匀；断电后揭盖，将制好的蔬果汁倒入杯中即可。

💧 健康小贴士

苹果含有独特香精成分，可缓解儿童学习紧张的情绪，有利于安神助眠；苹果还具有增强记忆力和提高身体免疫力的功效。

蓝莓猕猴桃奶昔

难易度：★☆☆　　🍴 1人份

烹饪时间
Times
1.5分钟

🐑 原料

猕猴桃…60克　酸奶、奥利奥饼
蓝莓…40克　　干碎各适量

🔪 做法

1.洗净猕猴桃去皮，去除硬芯切成小块。

2.用清水将蓝莓清洗干净。

3.洗净的蓝莓放入备好的盘中，待用。

4.取榨汁机，选择搅拌刀座组合，倒入猕猴桃、蓝莓，注入适量的酸奶。

5.盖上盖，选择"榨汁"功能，榨取汁水。

6.断电后揭盖，将榨好的果汁倒入杯中；将备好的奥利奥饼干碎撒在奶昔上即可。

西红柿汁

难易度：★★☆

一人份

烹饪时间 Times 2分钟

🍄 **原 料**

西红柿…130克

🔪 **做 法**

1. 锅中注入适量清水烧开，放入西红柿，烫至表皮皱裂，捞出，浸在凉开水中。

2. 待凉后剥去西红柿的表皮，再把果肉切小块。

3. 取备好的榨汁机，倒入切好的西红柿。

4. 注入适量纯净水，盖好盖子，选择"榨汁"功能，榨出西红柿汁；断电后倒出西红柿汁，装入备好的杯中即成。

杨桃香蕉牛奶

难易度：★☆☆　　🏃 3人份

烹饪时间
Times
1分钟

原料

杨桃…180克　　牛奶…80毫升

香蕉…120克

做法

1. 洗净的香蕉剥去果皮，再切成小块。

2. 洗好的杨桃切开，去除硬芯，再切成小块，备用。

3. 取榨汁机，选择搅拌刀座组合。

4. 倒入杨桃、香蕉，注入少许凉开水。

5. 倒入适量的牛奶。

6. 盖盖，选择"榨汁"功能，榨出蔬果汁；断电后倒出果汁即可。

Part 4

一天一杯，
活力男性抗压蔬果汁

　　生活中，男性的健康问题容易被他们强健的身体与坚强的意志所掩盖，所以常常被忽视。其实男性面对来自各个方面的压力，使他们看似健康、强壮，却可能早已处于亚健康状态，如果不及时进行适当的调养减压，就很容易引发疾病。男性减压的方法除了运动、休息外，还可以通过喝蔬果汁来进行改善。赶紧来制作一杯活力十足的蔬果汁，让身体恢复到最佳状态。

鲜姜凤梨苹果汁

难易度：★☆☆　　 2人份

烹饪时间
Times
1分钟

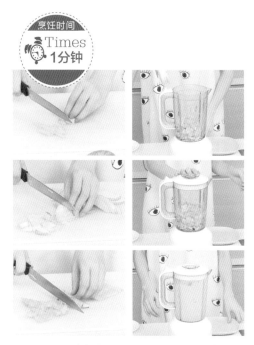

原料

苹果…135克　　姜块少许
菠萝肉…80克

做法

1. 去皮洗净的姜块切粗丝。

2. 洗净的苹果切取果肉，改切成小块。

3. 洗净去皮的菠萝肉先切块，再切成丁。

4. 取备好的榨汁机，选择搅拌刀座组合，倒入切好的苹果和菠萝肉。

5. 放入姜丝，注入适量纯净水，盖上盖。

6. 选择"榨汁"功能，榨出果汁，断电后滤入杯中即可。

难易度：★☆☆

👥 2人份

雪梨菠萝汁

烹饪时间
Times
1分钟

🍎 原 料

雪梨…200克

菠萝…180克

🔪 做 法

1.把洗净的雪梨切开，去皮，去核，切成小块。

2.洗净去皮的菠萝切成小块，备用。

3.取榨汁机，选择搅拌刀座组合，把切好的水果放入榨汁机搅拌杯中。

4.加适量矿泉水，通电后选择"榨汁"功能，榨出果汁；断电后，将果汁倒入备好的杯中即可饮用。

韭菜叶汁

难易度：★☆☆　👥 1人份

🥕 原 料

韭菜…90克

✍ 做 法

1.将清洗干净的韭菜切成段，装入盘中，备用。

2.取榨汁机，选择搅拌刀座组合，倒入韭菜段。

3.倒入少许清水，盖上盖。

4.选择"榨汁"功能，榨取韭菜汁。

5.断电后，倒出炸好的韭菜汁，滤入碗中，待用。

6.将砂锅置于火上，倒入榨好的韭菜汁。

7.调至大火，煮1分钟左右，至汁液沸腾为止。

8.搅拌均匀，关火后盛出韭菜汁，装入碗中，即可饮用。

烹饪时间
Times
2分钟

🍶 健康小贴士

韭菜含有维生素B$_1$、维生素C等营养物质，具有补肾温阳、润肠通便、益肝健胃、增强免疫力等功效，是男士的保健佳品。

柑橘香蕉蜂蜜汁

难易度：★☆☆　　👥 2人份

烹饪时间
Times
1.5分钟

🍇 **原 料**

柑橘…100克　　蜂蜜…10毫升

香蕉…100克

🔪 **做 法**

1. 香蕉去皮，把果肉切小块。

2. 柑橘剥去皮，瓣成瓣，备用。

3. 取榨汁机，选择搅拌刀座组合，倒入柑橘、香蕉。

4. 往榨汁机中加入适量白开水，盖上盖，选择"榨汁"功能，榨取果汁。

5. 揭开盖，加入适量蜂蜜。

6. 再次选择"榨汁"功能，搅拌均匀；将榨好的果汁倒入杯中即可。

胡萝卜菠萝汁

难易度：★☆☆
2人份

烹饪时间
Times
1分钟

🥕 **原 料**

胡萝卜…100克
菠萝…100克

🥄 **做 法**

1.洗净去皮的胡萝卜切厚块，再切条，改切成丁，洗净去皮的菠萝切成小块。

2.取榨汁机，选择搅拌刀座组合，放入切好的菠萝、胡萝卜。

3.往榨汁机中倒入适量矿泉水。

4.盖盖，选择"榨汁"功能，榨取蔬果汁；断电，将榨好的果汁倒入杯中即可。

黄瓜雪梨柠檬汁

难易度：★☆☆ 　5人份

原料

黄瓜…300克
雪梨…140克
柠檬…60克
蜂蜜…15克

烹饪时间
Times
1.5分钟

做法

1.洗净的黄瓜去皮，切开，再切成条，改切成小块。

2.洗好的雪梨切瓣，去核，去皮，再切成小块。

3.洗净的柠檬切成片，备用。

4.取榨汁机，选择搅拌刀座组合，倒入黄瓜，加入雪梨。

5.盖上盖，选择"榨汁"功能，再按开始键，榨取蔬果汁。

6.揭开盖，倒入适量蜂蜜。

7.挤入少许柠檬汁。

8.盖上盖，继续搅拌一会儿；断电，将榨好的蔬果汁倒入杯中即可。

健康小贴士

雪梨、黄瓜含有胡萝卜素、叶酸和多种矿物质，可以增加血管弹性，增强心肌活力，起到调节血压的作用，男士可常食。

橘子马蹄蜂蜜汁

难易度：★☆☆　　👥 2人份

烹饪时间
Times
1.5分钟

🍱 原 料

橘子…70克　　蜂蜜…15克

马蹄…90克

🥄 做 法

1. 洗好去皮的马蹄切成小块，橘子去皮，剥成瓣状，备用。

2. 取榨汁机，选择搅拌刀座组合，将备好的食材倒入搅拌杯中。

3. 加入适量纯净水。

4. 盖盖，选择"榨汁"功能榨取蔬果汁。

5. 揭开盖，倒入适量蜂蜜。

6. 盖上盖，再次选择"榨汁"功能，搅拌均匀，将蔬果汁倒入杯中即可。

难易度：★☆☆

2人份

火龙果西瓜汁

🍴 原料

西瓜…130克

火龙果…80克

烹饪时间
Times
3分钟

📝 做法

1. 西瓜切开，去皮，取出果肉，再切成小块。

2. 火龙果切开，取出果肉，切成小块，备用。

3. 取榨汁机，选择搅拌刀座组合；放入切好的果肉，倒入适量纯净水，盖上盖。

4. 选择"榨汁"功能，榨取果汁；断电，将榨好的果汁倒入杯中即可。

苦瓜菠萝汁

难易度：★☆☆　　👤 3人份

◯ 原 料

菠萝肉…150克

苦瓜…120克

◯ 调 料

食粉少许

✍ 做 法

烹饪时间
Times
2分钟

1. 锅中注入适量清水烧开，撒上少许食粉，再放入洗净的苦瓜，搅拌匀。

2. 煮约半分钟，至苦瓜断生后捞出，沥干水分，待用。

3. 将放凉后的苦瓜切条形，再切成丁。

4. 洗净去皮的菠萝切块，改切成片。

5. 取榨汁机，选择搅拌刀座组合，倒入切好的苦瓜、菠萝。

6. 注入少许矿泉水，盖上盖。

7. 通电后选择"榨汁"功能。

8. 待搅拌机运转片刻，待食材榨出蔬果汁，断电，将榨好的蔬果汁装入碗中，即可饮用。

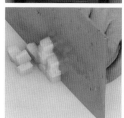

🍵 健康小贴士

菠萝含有蛋白酶等营养物质，具有解暑止渴、消食止泻的功效，有利于降血压，适合高血压男士食用，且苦瓜能清暑除烦、解渴。

人参雪梨马蹄饮

难易度：★☆☆　　👥 5人份

🕐 烹饪时间
Times
16分钟

🍎 原 料

人参片…3克　　桂圆肉…40克
雪梨…200克　　甘蔗…150克
马蹄…180克　　牛奶…100毫升

🥄 做 法

1. 洗净去皮的马蹄切小块。

2. 洗好的雪梨去皮去核，切小块，备用。

3. 砂锅中注入适量清水烧开，倒入备好的人参片、雪梨、马蹄、桂圆肉、甘蔗。

4. 盖上盖，用小火煮15分钟至食材熟透。

5. 揭开盖，倒入适量牛奶。

6. 搅拌片刻，至混合均匀，关火后把煮好的饮品盛入碗中即可。

冰糖雪梨汁

难易度：★☆☆

一人份

烹饪时间
Times
1分钟

🍵 原 料

雪梨…140克

柠檬片少许

冰糖…20克

🥄 做 法

1. 洗净的雪梨取果肉，切小块。

2. 取榨汁机，选择搅拌刀座组合，放入雪梨和柠檬片。

3. 撒入少许冰糖，注入适量纯净水，盖上盖子。

4. 选择"榨汁"功能，榨取果汁；断电后倒出果汁，装入杯中即成。

苹果香蕉豆浆

难易度：★☆☆　　2人份

原料

苹果…30克

香蕉…20克

水发黄豆…50克

做法

1.洗净的苹果切开，去核，再切成小块。洗好的香蕉剥去皮，切成片，待用。

2.将已浸泡好的黄豆倒入碗中，注入适量清水，用手搓洗干净。

3.把洗好的黄豆倒入滤网，沥干水分。

4.将洗好的黄豆及切好的苹果、香蕉倒入豆浆机中。

5.注入适量清水，至水位线即可。

6.盖上豆浆机机头，选择"五谷"程序，再选择"开始"键，开始打浆，待豆浆机运转约15分钟，即成豆浆。

7.将豆浆机断电，取下豆浆机机头。

8.把煮好的豆浆倒入滤网，滤取豆浆，将滤好的豆浆倒入碗中即可。

烹饪时间 Times 16分钟

健康小贴士

香蕉富含膳食纤维和钾，能促进胃肠蠕动，具有润肠排便的作用，男士常食能预防便秘；黄豆中蛋白质含量较高，能增强机体免疫力。

黄瓜芹菜雪梨汁

难易度：★☆☆　　👤 3人份

烹饪时间
Times
1分钟

🐮 **原 料**

雪梨…120克　　芹菜…60克

黄瓜…100克

🔪 **做 法**

1. 雪梨洗净去核去皮，把果肉切成小块。

2. 洗好的黄瓜切条形，改切成丁。

3. 洗净的芹菜切成段，备用。

4. 取榨汁机，选择搅拌刀座组合，倒入切好的材料，注入适量矿泉水，盖上盖子。

5. 通电后选择"榨汁"功能。

6. 搅拌一会儿，至材料榨出汁水，断电后倒出拌好的雪梨汁，装入杯中即成。

香蕉冷饮

难易度：★☆☆
3人份

🔵 **原 料**

香蕉…125克

酸奶…60克

橙汁…100毫升

烹饪时间
Times
1分钟

🥄 **做 法**

1. 香蕉取果肉切小块。

2. 取备好的榨汁机，选择搅拌刀座组合，倒入香蕉。

3. 倒入备好的橙汁和酸奶，盖上盖子。

4. 选择"榨汁"功能，榨出果汁；断电后倒出果汁，装入杯中即成。

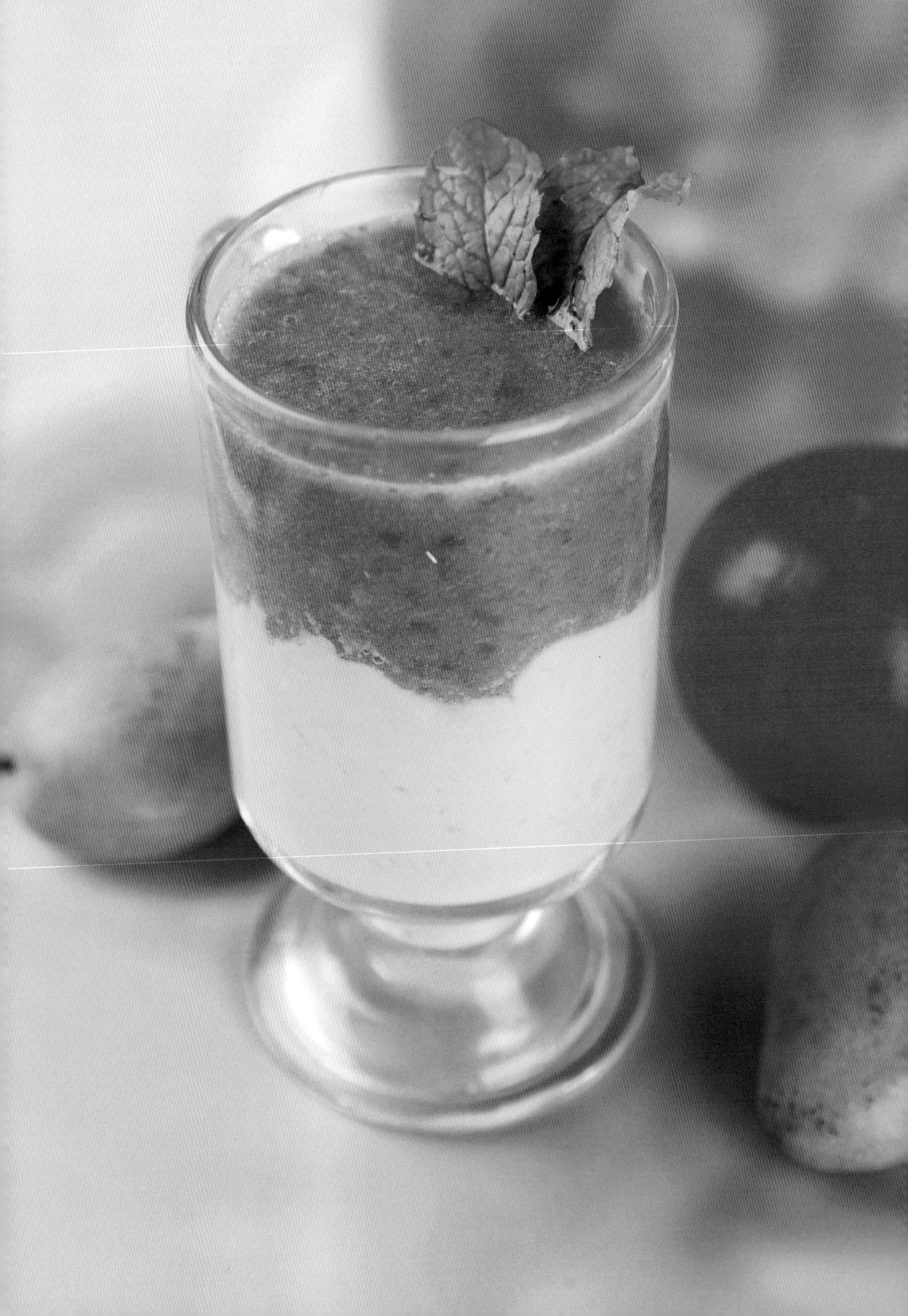

芒果双色果汁

难易度：★☆☆　　👷 3人份

◎ 原 料

芒果95克　　　酸奶250克
西红柿120克

◎ 调 料

蜂蜜25克　　　薄荷叶少许

烹饪时间
Times
2分钟

◎ 做 法

1.洗净的芒果切开，去皮，取果肉，再改切成小块。

2.洗净的西红柿切小块。

3.取来备好的榨汁机，倒入切好的芒果果肉和适量酸奶，盖好盖子。

4.选择"榨汁"功能，榨出果汁。

5.断电后倒出榨好的芒果汁，装入玻璃杯中，待用。

6.将切好的西红柿倒入榨汁机中。

7.加入少许蜂蜜，注入适量纯净水，盖好盖子。

8.选择"榨汁"功能，榨出西红柿汁，断电后将榨好的西红柿汁倒入装有芒果汁的玻璃杯中，点缀上薄荷叶即可。

◎ 健康小贴士

西红柿含有番茄红素、有机酸等营养成分，可缓解疲劳、开胃消食，搭配有芳香气味的薄荷叶同食，有清热提神的功效。

芹菜杨桃葡萄汁

难易度：★☆☆　👥 3人份

烹饪时间
Times
1分钟

🥦 原 料

芹菜…40克　　葡萄…80克

杨桃…180克

🥄 做 法

1.洗好的芹菜切段。

2.洗净的葡萄切成小块。

3.洗好的杨桃切成小块，备用。

4.取榨汁机，选择搅拌刀座组合，倒入切好的芹菜、葡萄、杨桃。

5.加入适量矿泉水。

6.盖上盖子，选择"榨汁"功能，榨取蔬果汁，将榨好的蔬果汁倒入杯中即可。

难易度：★☆☆
👥3人份

果味酸奶

🥄 **原料**

酸奶…250毫升
苹果…35克
草莓…25克

烹饪时间
Times
2分钟

🥄 **做法**

1. 洗好的草莓切成小瓣，再切成小块。

2. 洗净的苹果切开，去核、去皮，切成条形，再切成小块，备用。

3. 将酸奶倒入碗中，放入切好的草莓、苹果。

4. 将材料搅拌均匀，把拌好的材料倒入玻璃杯中即可。

美味莴笋蔬果汁

难易度：★☆☆　👥 2人份

🍎 原　料

莴笋…100克
哈密瓜…100克

🥄 调　料

白糖…15克

烹饪时间
Times
2分钟

🔪 做　法

1.将洗净去皮的莴笋切开，再切成条，改切成丁。

2.洗净去皮的哈密瓜切成小块。

3.锅中注入适量清水烧开，倒入切好的莴笋，搅拌匀，煮约半分钟至熟。

4.把煮好的莴笋捞出，待用。

5.取榨汁机，选择搅拌刀座组合，将加工处理好的食材放入搅拌杯中。

6.加适量矿泉水，盖上盖子。

7.通电后选择"榨汁"功能，充分搅拌，榨出蔬果汁。

8.断电后揭盖，加入白糖，盖上盖子，通电后再搅拌一会儿，断电后把榨好的蔬果汁倒入杯中即可。

🥬 健康小贴士

莴笋含有胡萝卜素、B族维生素和钙等营养成分，对心脏病、肾病等有一定的食疗作用，男士常饮此品，可改善烦躁不眠。

西红柿柚子汁

难易度：★☆☆　　🍴 1人份

烹饪时间
Times
2分钟

🥗 原 料

西红柿…60克　柚子肉…80克

🥄 做 法

1. 锅中注入水烧开，放入洗净的西红柿，烫煮约1分钟，至其表皮裂开。

2. 捞出西红柿，沥干水分，放凉待用。

3. 放凉的西红柿剥去表皮，再切开果肉，改切成小块，备用。

4. 柚子去除果皮和果核，把果肉掰小块。

5. 取榨汁机，选择搅拌刀座组合，倒入柚子、西红柿，注入适量矿泉水，盖好盖。

6. 通电后选择"榨汁"功能，搅拌一会儿，榨出蔬果汁；断电后倒入杯中即可。

青柠檬薄荷冰饮

难易度：★☆☆

一人份

🍇 **原 料**

冰块…20克
青柠檬…30克
薄荷叶少许
蜂蜜少许

烹饪时间
Times
2分钟

🥄 **做 法**

1.洗好的青柠檬切片，备用。

2.取一个杯子，倒入备好的薄荷叶、蜂蜜、纯净水。

3.用手将青柠檬汁挤入杯中。

4.倒入冰块，搅拌匀，放入切好的青柠檬片即可。

菠萝豆浆

难易度：★☆☆　　👤 1人份

🍃 原 料

水发黄豆…50克
菠萝肉…30克

🥄 做 法

1.洗净的菠萝切条，再切成小块。

2.将已浸泡好的黄豆倒入碗中，加入适量清水，用手搓洗干净。

3.将洗好的材料倒入滤网，沥干水分。

4.把备好的黄豆、菠萝倒入豆浆机中。

5.注入适量清水，至水位线即可。

6.盖上豆浆机机头，选择"五谷"程序，再选择"开始"键，开始打浆。

7.待豆浆机运转约15分钟，即成豆浆，将豆浆机断电，取下机头，把煮好的豆浆倒入滤网，滤取豆浆。

8.把滤好的豆浆倒入碗中，待稍微放凉后即可饮用。

烹饪时间
Times
16分钟

❤ 健康小贴士

黄豆的蛋白质含量高，对提高男士的运动机能有益，而菠萝中的蛋白酶和柠檬酸等，具有消暑解渴、补益气血等功效。

葡萄菠萝奶

难易度：★☆☆　　4人份

原料

葡萄…145克	牛奶…200毫升
橙子…45克	白糖适量
菠萝肉…65克	

做法

1. 洗净的葡萄切开，去籽。

2. 洗好的菠萝肉切成小块，备用。

3. 洗净的橙子切成小瓣，去除果皮，将果肉切成小块，备用。

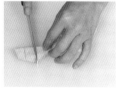

4. 取榨汁机，选择搅拌刀座组合，倒入切好的葡萄、菠萝、橙子，注入牛奶。

5. 盖盖，选择"榨汁"功能，榨取果汁。

6. 断电后倒出，加白糖搅拌至溶化，即可。

黄瓜薄荷蜜汁

难易度：★☆☆

2人份

🍎 原 料

黄瓜…110克
薄荷糖汁…45毫升
蜂蜜少许

烹饪时间
Times
1分钟

🥄 做 法

1.黄瓜对半切开，再切成条，然后切成小块。

2.取榨汁机，选择搅拌刀座组合，倒入切好的黄瓜。

3.注入薄荷糖汁和适量纯净水，加入少许蜂蜜，盖好盖子。

4.选择"榨汁"功能，榨取果汁；断电后倒出果汁，装入杯中即成。

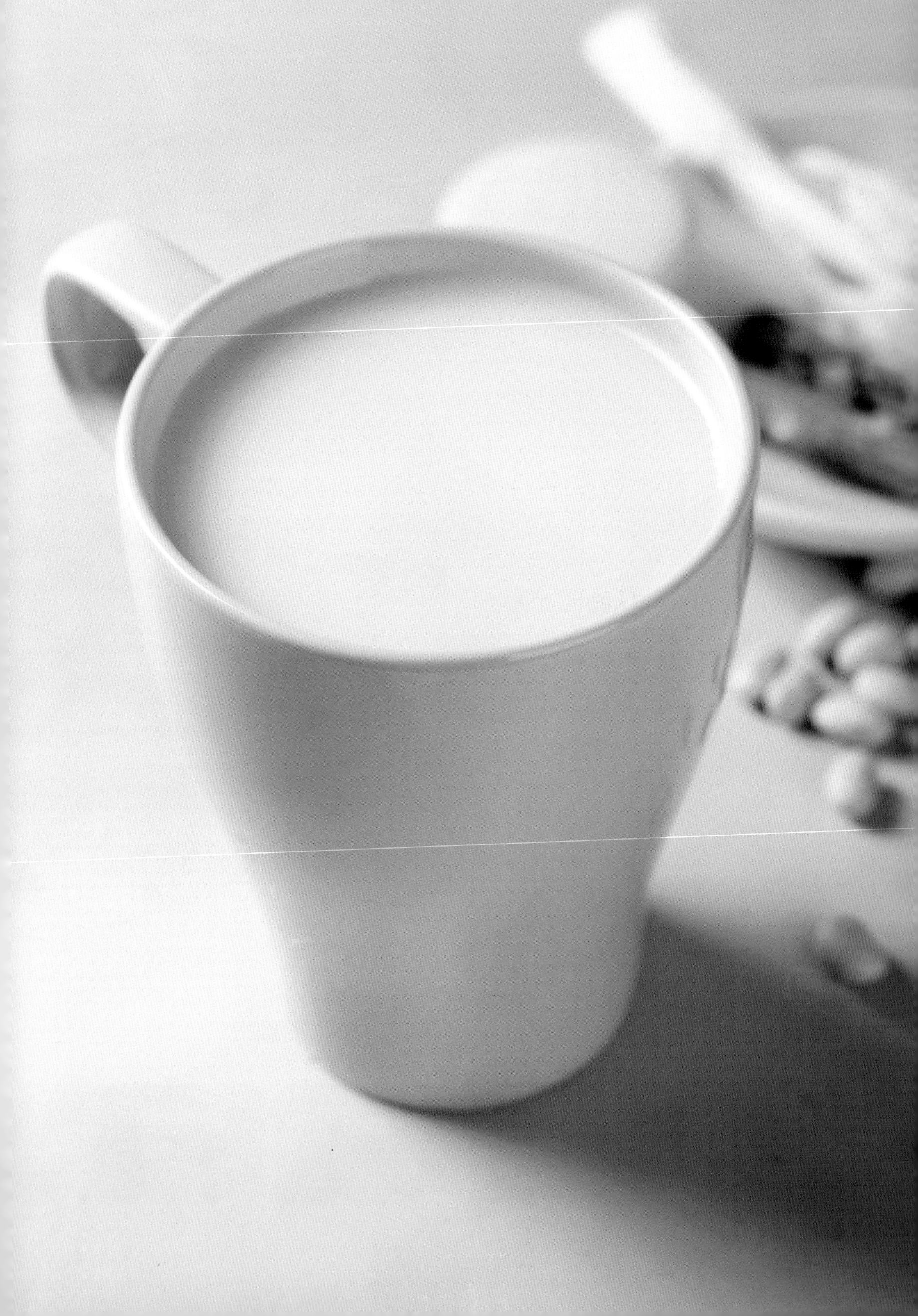

西芹芦笋豆浆

难易度：★☆☆　　👤 1人份

🔽 **原 料**

芦笋…25克

西芹…30克

水发黄豆…45克

烹饪时间
Times
16分钟

🔽 **做 法**

1.洗净的芦笋切小段，洗好的西芹切小段，备用。

2.将已浸泡好的黄豆倒入碗中，加入适量清水，用手搓洗干净。

3.将洗好的黄豆倒入滤网，沥干水分。

4.把洗好的黄豆倒入豆浆机中，再放入切好的芦笋、西芹。

5.注入适量清水，至水位线即可。

6.盖上豆浆机机头，选择"五谷"程序，再选择"开始"键，开始打浆，待豆浆机运转约15分钟，即成豆浆。

7.将豆浆机断电，取下机头，把煮好的豆浆倒入滤网，滤取豆浆。

8.倒入杯中，撇去浮沫，放凉即可饮用。

🔽 **健康小贴士**

西芹含有芳香油、膳食纤维等物质，具有增进食欲、镇静、健胃等作用，男士常食，还有促进体内毒素排出和辅助睡眠之效。

葡萄酒鲜果汁

难易度：★☆☆　🙆 1人份

烹饪时间
Times
1分钟

🥗 原 料

葡萄…100克　　面粉、葡萄酒各适量
柠檬…半个　　　蜂蜜适量

🥄 做 法

1. 在容器中加入适量清水，再倒入面粉，倒入葡萄，清洗干净，装盘待用。

2. 将柠檬汁挤入杯中。

3. 洗好的葡萄切开，去籽。

4. 取榨汁机，选择搅拌刀座组合，放入葡萄、柠檬汁、葡萄酒。

5. 倒入适量的蜂蜜，注入适量纯净水。

6. 盖上盖子，选择"榨汁"功能，榨取果汁；揭开盖，将果汁过滤到酒杯中即可。

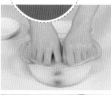

蜂蜜香蕉奶昔

难易度：★☆☆
2人份

🍎 原 料

香蕉…150克

牛奶…300毫升

🥄 调 料

蜂蜜…25克

烹饪时间
Times
1.5分钟

🔪 做 法

1. 洗净的香蕉剥取果肉，切小块，备用。

2. 取备好的榨汁机，选择搅拌刀座组合，倒入切好的香蕉，注入牛奶。

3. 倒入蜂蜜，盖好盖子。

4. 选择"榨汁"功能，榨出果汁；断电后倒出榨好的蜂蜜香蕉奶昔，装入碗中即成。

百合马蹄梨豆浆

难易度：★☆☆　　👥 2人份

◎ 原 料

水发黄豆…50克　雪梨…1个

百合…10克　　　马蹄…20克

◎ 调 料

白糖适量

✎ 做 法

烹饪时间
Times
21分钟

1.洗净去皮的马蹄切小块，洗好的雪梨切开，去核，去皮，再切小块。

2.将已浸泡好的黄豆装入碗中，注入适量清水，用手搓洗干净。

3.把洗净的黄豆倒入滤网中，沥干水分。

4.将所有的材料倒入豆浆机中。

5.注入适量清水，至水位线即可。

6.盖上豆浆机机头，选择"五谷"程序，再选择"开始"键，开始打浆，待豆浆机运转约20分钟，即成豆浆。

7.将豆浆机断电，取下机头，把煮好的豆浆倒入滤网，滤取豆浆。

8.把豆浆倒入碗中，撒上适量白糖，搅拌匀，待稍微放凉后即可饮用。

◎ 健康小贴士

雪梨、百合都含有钙、磷、铁、胡萝卜素等营养物质，男士经常食用本品能清热去火、生津润燥、滋阴润肺、祛脂降压。

草莓桑葚奶昔

难易度：★☆☆　　👥 2人份

烹饪时间
Times
2分钟

🥄 原 料

草莓…65克　　冰块…30克

桑葚…40克　　酸奶…120毫升

🔪 做 法

1.洗净的草莓切小瓣。

2.洗好的桑葚对半切开。

3.冰块敲碎，呈小块状，备用。

4.将酸奶装入碗中，倒入大部分的桑葚、草莓，用勺搅拌至酸奶裹匀草莓和桑葚。

5.倒入冰块，搅拌匀。

6.将拌好的奶昔装入杯中，点缀上剩余的草莓、桑葚即可。

青瓜薄荷饮

难易度：★☆☆　　👥 1人份

☺ 原 料

黄瓜…55克　　鲜薄荷叶少许
雪梨…75克　　白糖少许

烹饪时间
Times
2分钟

✐ 做 法

1. 取一碗清水，放入鲜薄荷叶，清洗干净，捞出，沥干水分，放入碟中，待用。

2. 将洗净的黄瓜切小块。

3. 洗好的雪梨取果肉，切丁。

4. 取备好的榨汁机，选择搅拌刀座组合，倒入切好的黄瓜和雪梨。

5. 放入洗好的薄荷叶，撒上少许白糖，注入适量纯净水，盖上盖。

6. 选择"榨汁"功能，榨出蔬果汁；断电后倒出，装入杯中即可。

紫苏柠檬汁

难易度：★☆☆　 2人份

烹饪时间
Times
5分钟

原 料

紫苏叶…300克　　冰糖…40克
柠檬少许

做 法

1. 紫苏叶放入清水中洗净，捞出，备用。
2. 锅中注入适量清水烧开，放入紫苏叶，煮至变绿。
3. 关小火，捞出紫苏叶。
4. 锅中加入少许冰糖，搅匀，煮至溶化。
5. 将备好的柠檬挤出汁水，滴入锅中。
6. 盛出煮好的紫苏柠檬汁即可。

Part 5

一天一杯，
完美女性减龄蔬果汁

　　如何保持苗条的身材和紧致的肌肤，永远是女性讨论的话题。尽管我们无法让流走的时光回溯，我们却可以通过合理的身体调理，让靓丽的容颜保持得更久。现做蔬果汁能够最大程度保存蔬果中的多种有效营养，帮助身体清理肠胃、排出毒素。本章将为您推荐多款减龄蔬果汁，在排毒养颜的同时，越喝越年轻。

西红柿冬瓜橙汁

难易度：★☆☆　　🍴 2人份

烹饪时间
Times
1分钟

🍎 原 料

西红柿…100克　　橙子…60克
冬瓜…95克

✏️ 做 法

1. 去皮洗净的冬瓜切小块。

2. 橙子取果肉，改切成小块。

3. 洗净的西红柿切小块。

4. 取榨汁机，选择搅拌刀座组合，倒入切好的冬瓜、橙子、西红柿。

5. 注入适量的纯净水，盖上盖子。

6. 选择"榨汁"功能，榨出汁水；断电后倒出榨好的蔬果汁，滤入杯中即成。

猕猴桃菠萝汁

难易度：★☆☆
2人份

🍵 **原 料**

猕猴桃…90克
菠萝…100克

烹饪时间
Times
1分钟

🍴 **做 法**

1. 洗净的猕猴桃去皮，去芯，再切瓣，改切成小块。

2. 洗净去皮的菠萝切成小块，备用。

3. 取榨汁机，选择搅拌刀座组合，倒入猕猴桃、菠萝，注入适量矿泉水。

4. 盖上盖子，选择"榨汁"功能，榨取果汁；断电后将榨好的果汁倒入杯中即可。

西红柿苹果汁

难易度：★★☆　🍴 2人份

烹饪时间 Times 2分钟

🥝 原 料

西红柿…120克　白糖适量
苹果…95克

🍴 做 法

1.西红柿放入开水中，烫至表皮皱裂。

2.捞出西红柿，放入凉开水中。

3.放凉的西红柿剥去果皮，果肉切小块。

4.洗净的苹果取果肉，改切成小块。

5.取榨汁机，倒入苹果、西红柿，盖盖。

6.选择"榨汁"功能，榨出蔬果汁；断电
后倒出果汁，装入杯中，加入少许白糖，
拌匀即可。

难易度：★☆☆

🍽2人份

芦荟猕猴桃汁

🍄 原料

芦荟…100克

猕猴桃…100克

烹饪时间
Times
1分钟

🥄 做法

1. 洗净的猕猴桃去皮，切成瓣，再切小块。

2. 洗好的芦荟切去两侧的叶刺，去皮，切成小块。

3. 取榨汁机，选择组好的搅拌刀座组合，将猕猴桃、芦荟倒入搅拌杯中，再倒入适量矿泉水。

4. 盖上盖，选择"榨汁"功能，榨取果汁；揭开盖，将榨好的果汁倒入杯中即可。

菠菜西蓝花汁

难易度：★☆☆　　3人份

原料

菠菜…200克

西蓝花…180克

调料

白糖…10克

烹饪时间
Times
2分钟

做法

1. 洗好的西蓝花切成小块。

2. 洗净的菠菜切成段。

3. 锅中注入适量清水烧开，倒入西蓝花，煮至沸腾，再倒入菠菜，搅匀，略煮。

4. 将焯煮好的西蓝花和菠菜捞出，沥干水分，备用。

5. 取榨汁机，选择搅拌刀座组合，将备好的西蓝花、菠菜倒入搅拌杯中，再倒入适量纯净水。

6. 盖盖，选择"榨汁"功能榨取蔬菜汁。

7. 揭开盖，倒入备好的白糖。

8. 盖上盖，再次选择"榨汁"功能，搅拌片刻，至蔬菜汁味道均匀；将榨好的蔬菜汁倒入杯中即可。

健康小贴士

菠菜含有叶酸，能维持大脑血清素的稳定，保持心情平和，适合女性食用。此外，长期食用西蓝花还可以降低乳腺癌的发病率。

香橙奶酪

难易度：★☆☆　👨 3人份

原料

纯牛奶…250毫升　　吉利丁片…3片
细砂糖…50克　　　香橙果片适量
植物鲜奶油…250克

烹饪时间
Times
45分钟

做法

1. 将吉利丁片放入清水中，浸泡4分钟至其变软，备用。

2. 锅中倒入纯牛奶、细砂糖。

3. 用小火加热，搅拌至细砂糖溶化。

4. 取出泡好的吉利丁片，挤干水分。

5. 放入锅中，煮至溶化后关火。

6. 倒入鲜奶油拌匀，再倒入香橙果片，拌匀制成奶酪浆，倒入杯中至七分满；放入冰箱冷藏30分钟后取出即可饮用。

双雪露

难易度：★☆☆

一人份

原 料

雪梨…40克

水发银耳…50克

枸杞…少许

烹饪时间
Times
1分钟

做 法

1. 泡发好的银耳去除黄色根部，切成小朵。

2. 洗净的雪梨对半切开，去皮、去核，改切成块。

3. 取榨汁机，选择搅拌刀座组合，倒入雪梨、银耳，注入适量的纯净水。

4. 盖上盖子，选择"榨汁"功能，榨取汁水；断电后揭开盖子，将榨好的汁水倒入杯中，撒上适量的枸杞即可饮用。

美白养颜蔬果汁

难易度：★☆☆　　👤 4人份

烹饪时间 Times 1分钟

🍎 原 料

菠萝…200克　　西芹…30克

柠檬…30克　　蜂蜜…20克

胡萝卜…300克

🍴 做 法

1. 洗净的柠檬切成小块。

2. 菠萝洗好切块，再切条，改切成小块。

3. 洗净的芹菜切小段。

4. 胡萝卜洗好切开，切条，改切成小块。

5. 取榨汁机，分次放入柠檬、菠萝、西芹、胡萝卜。

6. 选择第一档，榨取蔬果汁；断电后把榨好的蔬果汁倒入杯中即可。

雪梨枇杷汁

难易度：★☆☆

🍴 2人份

🍐 **原 料**

雪梨…300克

枇杷…60克

烹饪时间
Times
2分钟

🍴 **做 法**

1. 洗净的枇杷切去头尾，去皮，把果肉切开，去核，将果肉切成小块。

2. 洗好去皮的雪梨切开，切成小瓣，去核，把果肉切成小块，备用。

3. 取榨汁机，然后选择搅拌刀座组合，倒入切好的雪梨、枇杷，再注入适量矿泉水，盖上盖。

4. 选择"榨汁"功能，榨取果汁；断电后倒出果汁，装入杯中即可。

金橘柠檬苦瓜汁

难易度：★★☆　　2人份

原 料

金橘…200克　柠檬片…40克
苦瓜…120克

调 料

食粉少许

烹饪时间
Times
1.5分钟

做 法

1. 锅中注入适量清水烧开，撒上少许食粉，再放入洗净的苦瓜。

2. 拌匀，煮约半分钟，待苦瓜断生后捞出，沥干水分，待用。

3. 将放凉的苦瓜切条形，再切丁。

4. 洗净的金橘切小块，备用。

5. 取榨汁机，选择搅拌刀座组合，倒入切好的食材，注入少许矿泉水，盖上盖。

6. 通电后选择"榨汁"功能，搅拌一会儿，榨取蔬果汁。

7. 揭开盖，再放入备好的柠檬片，盖好盖，再次选择"榨汁"功能。

8. 搅拌一会儿，至食材混合匀；断电后倒出榨好的苦瓜汁，装入杯中即成。

健康小贴士

金橘含有维生素P，能增强血管弹性，对预防女性更年期高血压有益；且柠檬具有生津祛暑、消食之功效，是美容洁肤的佳品。

芹菜梨汁

难易度：★☆☆　　👤 3人份

烹饪时间
Times
1分钟

🎧 **原 料**

雪梨…150克　　黄瓜…100克

芹菜…85克　　生菜…65克

🍳 **做 法**

1. 洗净的黄瓜切条形，改切成小块。

2. 洗好的生菜切小段。

3. 洗净的芹菜切小段。

4. 洗好的雪梨取果肉，切小块。

5. 取榨汁机，倒入适量的材料。

6. 选择第一档，榨出汁水；断电后分三次放入剩余的食材，榨出汁水；将榨好的蔬果汁滤入杯中即可。

难易度：★☆☆

👤 3人份

木瓜牛奶饮

🍴 原 料

　　木瓜肉⋯140克

　　牛奶⋯170毫升

🥄 调 料

　　白糖适量

🕐 **Times 1分钟**
烹饪时间

👨‍🍳 做 法

1.木瓜肉切条形，改切成小块。

2.取榨汁机，选择搅拌刀座组合，倒入木瓜块，加入牛奶。

3.注入适量纯净水，撒上少许白糖，盖好盖子。

4.选择"榨汁"功能，榨取果汁；断电后倒出果汁，装入杯中即成。

梨子柑橘蜂蜜饮

难易度：★☆☆　　👤 2人份

烹饪时间
Times
2分钟

🥄 原料

雪梨…180克　　蜂蜜…10克

柑橘…80克

🔪 做法

1. 柑橘去皮，剥成瓣状。

2. 洗好的雪梨对切开，去皮；切成瓣，去核，再切小块，备用。

3. 取榨汁机，选择搅拌刀座组合，将食材倒入搅拌杯中，加入适量纯净水。

4. 盖盖，选择"榨汁"功能，榨取果汁。

5. 揭开盖，倒入适量蜂蜜。

6. 盖上盖，再次选择"榨汁"功能，启动机子搅拌均匀；揭盖，将榨好搅拌匀的果汁倒入杯中即可。

番荔枝木瓜汁

难易度：★☆☆
2人份

🎧 原 料

番荔枝…80克
木瓜…90克

烹饪时间
Times
2分钟

🔪 做 法

1.洗净的木瓜去皮，对半切开，改切成薄片；洗好的番荔枝去皮，切条，改切成小块，备用。

2.取榨汁机，选择搅拌刀座组合，倒入切好的番荔枝、木瓜，注入少许纯净水。

3.盖好盖子，选择"榨汁"功能，榨取果汁。

4.断电后，倒出榨好的果汁，去除浮沫后即可饮用。

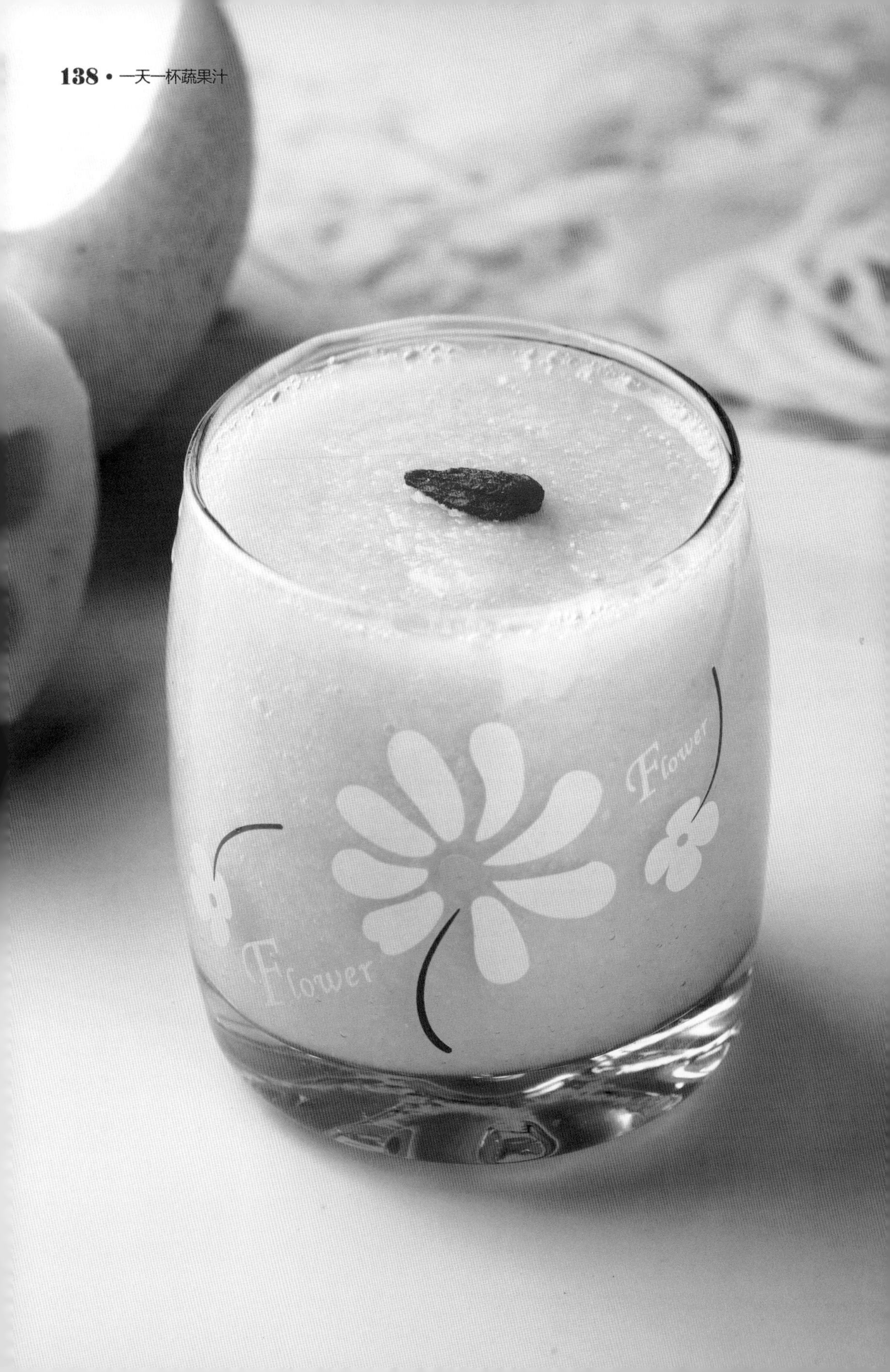
Flower
Flower

蜂蜜雪梨莲藕汁

难易度：★☆☆ 4人份

原料

莲藕…300克
雪梨…200克

调料

蜂蜜…20克

烹饪时间
Times
1.5分钟

做法

1. 洗净去皮的雪梨切块，去核，切成丁。
2. 莲藕洗好去皮，切成丁，备用。
3. 锅中注入适量清水烧开，倒入藕丁，搅散，煮1分30秒，至其七八成熟。
4. 捞出焯煮好的藕丁，沥干水分，备用。
5. 取榨汁机，选择搅拌刀座组合，倒入莲藕、雪梨，加入适量矿泉水。
6. 盖好盖子，选择"榨汁"功能，榨取蔬果汁。
7. 揭开盖，加入备好的蜂蜜。
8. 盖上盖，再次选择"榨汁"功能，搅拌匀；断电后揭盖，把榨好的蔬果汁倒入杯中即可。

健康小贴士

雪梨有润肺清心、消痰止咳等作用，女性食用可预防咳嗽、伤寒发热等症；莲藕富含铁、钙等微量元素，有明显的补益气血的作用。

百合葡萄糖水

难易度：★☆☆　　👤 2人份

○ 原 料

　　葡萄…100克　　冰糖…20克

　　鲜百合…80克

◆ 做 法

　1.将洗净的葡萄剥去果皮。

　2.把剥好的葡萄果肉装入小碗中，待用。

　3.砂锅中注入适量清水烧开，倒入洗净的百合，放入备好的葡萄。

　4.盖上盖，煮沸后转小火煮约10分钟。

　5.取下盖子，倒入冰糖，搅拌匀。

　6.用大火续煮一会儿，至糖分完全溶化；关火后盛出煮好的葡萄糖水，装入汤碗中即成。

烹饪时间 Times 12分钟

芦荟醋

难易度：★☆☆

2人份

烹饪时间
Times
0.5分钟

🍐 **原料**

芦荟…100克

苹果醋…300毫升

🥄 **做法**

1. 洗好的芦荟切去两侧的刺，去皮，再切成小块，备用。

2. 将切好的芦荟倒入杯中。

3. 加入适量苹果醋。

4. 用勺子搅拌均匀，浸泡一会，入味即可食用。

清爽蜜橙汁

难易度：★☆☆　 👤 2人份

烹饪时间
Times
1分钟

🍄 原 料

橙子…150克

蜂蜜…12克

🥄 做 法

1. 洗净的橙子切去头尾，再切开，改切成小瓣，去除果皮。

2. 取榨汁机，选择搅拌刀座组合。

3. 倒入备好的橙子、蜂蜜。

4. 注入少许温开水。

5. 盖好盖子，选择"榨汁"功能，榨取蜜橙汁。

6. 断电后将榨好的果汁倒入杯中即可。

菠萝木瓜汁

难易度：★☆☆

👥 3人份

🍐 原 料

菠萝肉…180克

木瓜…60克

牛奶…300毫升

烹饪时间
Times
1分钟

🥄 做 法

1. 洗净的木瓜切开，去瓤，去皮，再切成小块，待用。

2. 菠萝肉切开，再切成小丁块。

3. 取榨汁机，选择搅拌刀座组合，倒入木瓜、菠萝肉，注入备好的牛奶。

4. 盖好盖，选择"榨汁"功能，榨取果汁；断电后倒出榨好的果汁，装入杯中即可。

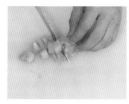

苦瓜芹菜黄瓜汁

难易度：★★☆　　3人份

原料

苦瓜…150克　芹菜…60克

黄瓜…120克

调料

蜂蜜…15毫升

做法

烹饪时间
Times
2分钟

1. 洗好的黄瓜切条，改切成丁；洗净的苦瓜去籽，切条，再切成丁。

2. 洗好的芹菜切成段，备用。

3. 开水锅中，放入苦瓜丁，煮至其变色，倒入芹菜，再煮半分钟，至其熟软。

4. 把焯煮好的苦瓜和芹菜捞出，沥干水分，待用。

5. 取榨汁机，选择搅拌刀座组合，倒入黄瓜、苦瓜、芹菜，注入适量矿泉水。

6. 盖盖，选择"榨汁"功能榨取蔬菜汁。

7. 揭开盖，加入适量蜂蜜。

8. 盖上盖，再次选择"榨汁"功能，搅拌匀；将榨好的蔬果汁倒入杯中即可。

健康小贴士

苦瓜有清热解毒、解劳清心的功效，适合易上火的女性食用；芹菜具有清热除烦、利水消肿的作用，可治女性头痛、头晕。

芦荟圆白菜汁

难易度：★☆☆　　🍴 2人份

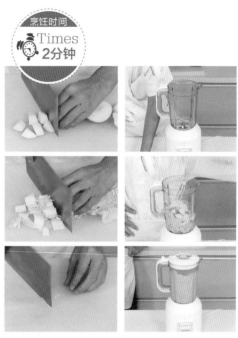

烹饪时间
Times
2分钟

⊙ 原 料

白菜…150克　　苹果…150克

芦荟…30克

⊘ 做 法

1. 洗净的苹果切开去核，切成小块。

2. 洗好的白菜切成小块待用。

3. 洗净的芦荟切片，切成小块。

4. 取榨汁机，组装好搅拌刀座。

5. 倒入白菜、苹果、芦荟，再注入适量的清水。

6. 盖上盖，选择"榨汁"功能，开始榨汁；待榨好后，将蔬果汁倒入杯中即可。

西瓜猕猴桃汁

难易度：★☆☆

2人份

烹饪时间
Times
1分钟

🍎 **原料**

西瓜…300克
猕猴桃…100克

🥄 **做法**

1. 洗净的猕猴桃去皮，对半切开，去芯，切成小块。

2. 洗净去皮的西瓜切成小块，备用。

3. 取榨汁机，选择搅拌刀座组合，倒入切好的猕猴桃、西瓜。

4. 盖上盖，选择"榨汁"功能，榨取果汁；把榨好的果汁倒入杯中即可。

香蕉豆浆

难易度：★☆☆　　👤 1人份

烹饪时间
Times
16分钟

原 料

香蕉…30克　　水发黄豆…40克

做 法

1. 去皮的香蕉切成块，备用。

2. 将泡好的黄豆和香蕉倒入豆浆机中。

3. 注入适量清水，至水位线即可。

4. 盖上豆浆机机头，选择"五谷"程序，再选择"开始"键，开始打浆。

5. 待豆浆机运转约15分钟，即成豆浆，将豆浆机断电，取下机头，把煮好的豆浆倒入容器中。

6. 再倒入碗中，放入白糖，搅拌均匀，至其溶化即可。

芦荟酸奶

难易度：★☆☆

2人份

🌐 原 料

芦荟…100克

酸奶…200毫升

烹饪时间
Times
1分钟

🥄 做 法

1.洗净的芦荟去除两侧的叶刺，再去皮。

2.将去皮的芦荟肉切成小块。

3.把切好的芦荟肉装入杯中。

4.倒入酸奶，用勺子拌匀即可。

苦瓜牛奶汁

难易度：★★☆　👥 2人份

🥦 原 料

苦瓜…120克

牛奶…200毫升

🍳 做 法

1. 锅中注入适量清水烧开，撒上少许食粉，拌匀。

2. 放入洗净的苦瓜，搅拌均匀，煮约半分钟，至其断生，捞出，沥干水分。

3. 将放凉后的苦瓜切条形，再切丁。

4. 取榨汁机，选择搅拌刀座组合，倒入切好的苦瓜丁，注入少许矿泉水，盖上盖。

5. 选择"榨汁"功能。

6. 搅拌片刻，至其成苦瓜汁。

7. 揭开盖，倒入备好的牛奶，盖好盖。

8. 再次选择"榨汁"功能，搅拌一会儿，使牛奶与苦瓜汁混合均匀；断电后将榨好的苦瓜牛奶汁装入碗中即成。

烹饪时间 Times 2分钟

🍵 健康小贴士

苦瓜具有消暑除烦、清热解毒、明目的功效，多食可使女性皮肤细嫩柔滑；牛奶含钙丰富，常食可预防女性骨质疏松。

洛神杨桃汁

难易度：★☆☆　　👥 2人份

🍎 原 料

杨桃…170克　　洛神花少许
冰糖…20克

烹饪时间
Times
20分钟

🥄 做 法

1.洗净的杨桃切开，去籽，切大块。

2.砂锅中注入适量清水烧热，倒入洗好的
洛神花，盖上盖，烧开后转小火煮约15分
钟，至析出有效成分。

3.揭盖，将洛神花汁水滤入碗中，待用。

4.取榨汁机，选择搅拌刀座组合，倒入杨
桃、冰糖。

5.注入备好的洛神花汁水。

6.盖上盖，选择"榨汁"功能，榨取汁
水；断电后倒出杨桃汁，装入碗中即可。

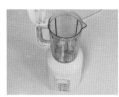

木瓜雪梨菊花饮

难易度：★☆☆

2人份

烹饪时间 Times 13分钟

原料

木瓜肉…130克

雪梨…75克

菊花茶适量

调料

白糖适量

做法

1. 木瓜肉切小块，雪梨取果肉，切小块。

2. 汤锅中注入适量清水烧热，倒入切好的木瓜、雪梨。

3. 盖上盖子，烧开后用小火煮约10分钟，至食材熟透。

4. 揭盖，倒入菊花茶，撒上白糖，拌匀，煮至白糖溶化；关火后盛出煮好的菊花饮，装入杯中即成。

苹果奶昔

难易度：★☆☆　　👤 2人份

🍎 原 料

苹果…1个

酸奶…200毫升

🥄 做 法

1.将洗净的苹果对半切开，去皮。

2.苹果切成瓣，去核，再切成小块。

3.取来备好的榨汁机，选搅拌刀座组合，放入苹果。

4.倒入适量酸奶，

5.盖上盖子，选择"搅拌"功能。

6.将苹果榨成汁；断电后把榨好的苹果酸奶汁倒入玻璃杯即可。

马蹄红糖水

难易度：★☆☆

👤 一人份

🕐 烹饪时间 Times 16分钟

🍎 **原 料**

马蹄…50克

红糖少许

🔧 **做 法**

1. 砂锅中注入适量清水，用大火烧热。

2. 倒入备好的马蹄、红糖，搅拌均匀。

3. 盖上锅盖，烧开后转小火煮15分钟至食材熟软。

4. 揭开锅盖，搅拌均匀；关火后将煮好的糖水盛出，装入碗中即可。

木瓜豆浆

难易度：★☆☆　　👤 1人份

原 料

木瓜块…30克
水发黄豆…50克

做 法

1.将已浸泡好的黄豆倒入碗中，注入适量清水，用手搓洗干净。

2.将洗好的黄豆倒入滤网，沥干水分。

3.将木瓜、黄豆倒入备好的豆浆机中。

4.注入适量清水，至水位线即可。

5.盖上豆浆机机头，选择"五谷"程序，再按"开始"键，开始打浆。

6.待豆浆机运转约15分钟，即成豆浆。

7.待豆浆机停运后，断电，取下机头。

8.把煮好的豆浆倒入滤网，滤取豆浆，将过滤好的豆浆倒入杯中，用汤匙撇去浮沫即可。

烹饪时间
Times 16分钟

 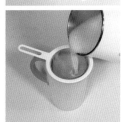

健康小贴士

木瓜含维生素B_1、维生素B_2、维生素C和钙、铁等矿物质，对女性消化不良有很好的食疗作用，常喝豆浆还可补充蛋白质。

雪梨莲子豆浆

难易度：★☆☆　　👤 2人份

烹饪时间
Times
16分钟

原料

莲子…20克　水发黄豆…50克

雪梨…40克　白糖少许

做法

1. 洗净的雪梨切成小块，备用。

2. 将泡好的黄豆、莲子清洗干净，倒入滤网中，沥干水分。

3. 把洗好的食材依次倒入豆浆机中。

4. 放入白糖，注入适量清水，至水位线。

5. 盖上豆浆机机头，选择"五谷"程序，再选择"开始"键，开始打浆；待豆浆机运转约15分钟，即成豆浆。

6. 将豆浆机断电，取下机头，把煮好的豆浆滤入杯中，用汤匙捞去浮沫即可。

难易度：★☆☆

2人份

甘草藕饮汁

烹饪时间
Times
31分钟

🎧 原 料

莲藕…250克

甘草少许

🍳 做 法

1. 洗净去皮的莲藕切片，再切成粗丝，备用。

2. 砂锅中注入适量清水烧热，放入备好的莲藕、甘草。

3. 盖上盖，烧开后用小火煮约30分钟，至食材熟透。

4. 揭开盖，用勺搅拌均匀；关火后盛出煮好的汤料，滤入杯中即可。

桃子苹果汁

难易度：★☆☆　👥 2人份

🥣 原 料

桃子…45克　　柠檬汁少许
苹果…85克

🍴 做 法

烹饪时间
Times
1分钟

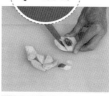

1. 洗好的桃子切开，去核，把果肉切成小块；洗净的苹果切瓣，去核，果肉切成小块，备用。

2. 取榨汁机，选择搅拌刀座组合，放入苹果、桃子。

3. 倒入柠檬汁。

4. 注入适量矿泉水。

5. 盖上盖，选择"榨汁"功能榨取汁水。

6. 断电后揭开盖，将果汁倒入杯中即可。

Part 6
一天一杯，
幸福孕妈妈营养蔬果汁

　　女性在怀孕过程中会产生许多生理上的变化与反应，因而很可能出现胃口变差、便秘等一系列问题，而每天喝一杯鲜榨蔬果汁，既能帮助调节肠胃功能，均衡营养预防便秘，同时对胎儿的发育也大有益处。本章我们为孕妈妈们准备的多道营养蔬果汁，可很好地缓解孕期的各种不适症，孕妈妈们不妨来尝尝吧。

玉米汁

难易度：★★☆　👥 1人份

烹饪时间 Times 6分钟

📍 原 料

鲜玉米粒…70克
白糖适量

🥄 做 法

1. 取榨汁机，选择搅拌刀座组合，倒入洗净的玉米粒。

2. 注入少许温开水，盖上盖。

3. 选择"榨汁"功能，榨取玉米汁。

4. 断电后揭盖，加入少许白糖；盖上盖，再次选择"榨汁"功能，拌至糖分溶化。

5. 锅置火上，放入玉米汁。

6. 加盖，烧开后用中小火煮约3分钟至熟；揭盖，将玉米汁倒入杯中即可。

芹菜苹果汁

难易度：★☆☆　👫 2人份

烹饪时间
Times
2分钟

🍅 原 料

苹果…100克　　白糖…7克
芹菜…90克

🍴 做 法

1. 将洗净的芹菜切粒状。

2. 洗净的苹果切成小块。

3. 取榨汁机，选择搅拌刀座组合，倒入切好的食材。

4. 注入少许矿泉水，盖上盖，通电后选择"榨汁"功能，榨取果汁。

5. 揭开盖，加入少许白糖；盖好盖，再次选择"榨汁"功能，搅拌至糖分溶化。

6. 断电倒出苹果汁，装入碗中即可饮用。

芦笋西红柿汁

难易度：★★☆　　👥 2人份

⊙ 原料

芦笋…50克　　牛奶…200毫升

西红柿…80克

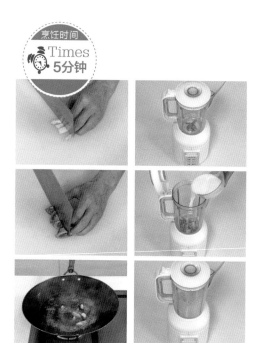

烹饪时间
Times
5分钟

✎ 做法

1.洗净去皮的芦笋切成小段，备用。

2.洗好的西红柿切小瓣，去除果皮，把果肉切成小块。

3.锅中注入适量清水用大火烧开，倒入芦笋段，用中火煮约4分钟至熟；捞出焯煮好的芦笋，沥干水分，待用。

4.取榨汁机，选择搅拌刀座组合。

5.倒入西红柿、芦笋、牛奶，盖上盖。

6.选择"榨汁"功能，榨取蔬菜汁；断电后倒出蔬菜汁，装入杯中即可。

火龙果牛奶

难易度：★☆☆

2人份

烹饪时间
Times
1分钟

🔵 **原 料**

火龙果肉…135克

牛奶…120毫升

🔵 **做 法**

1. 火龙果肉切小块。

2. 取榨汁机，选择搅拌刀座组合，倒入切好的火龙果。

3. 注入适量的纯牛奶，盖好盖子。

4. 选择"榨汁"功能，榨取果汁；断电后倒出果汁，装入杯中即成。

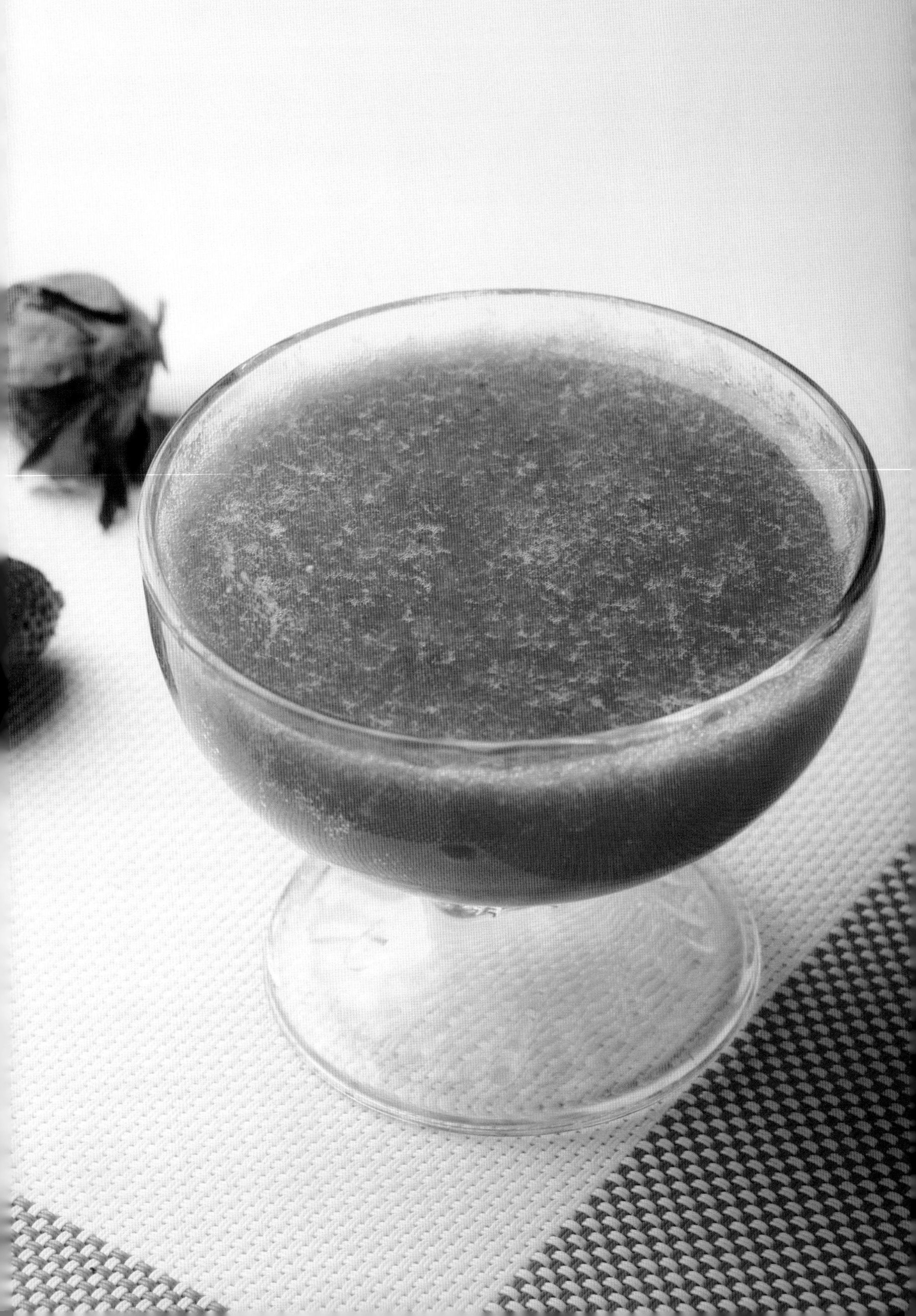

草莓苹果汁

难易度：★☆☆　　3人份

🍄 原 料

苹果…120克　　柠檬…70克
草莓…100克

🍄 调 料

白糖…7克

烹饪时间
Times
2分钟

✒ 做 法

1. 将洗净的苹果切瓣，去除果核，再把果肉切成块。

2. 洗净的草莓去除果蒂，改切成小块。

3. 取榨汁机，选择搅拌刀座组合，倒入切好的水果。

4. 倒入适量矿泉水和少许白糖，盖好盖。

5. 通电后选择"榨汁"功能，搅拌一会儿，榨出果汁。

6. 断电后揭开盖，取洗净的柠檬，挤入柠檬汁。

7. 盖好盖，通电后选择"榨汁"功能。

8. 快速搅拌一会儿，至果汁混合均匀；断电后倒出搅拌好的果汁，装入碗中即成。

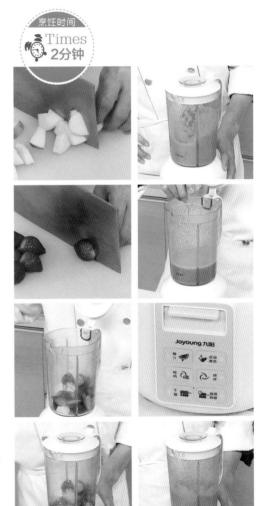

💎 健康小贴士

苹果营养丰富，有"智慧之果"的美称，苹果榨汁时不宜去皮，孕妈妈常食有利于胎儿神经系统的发育。

蜂蜜葡萄莲藕汁

难易度：★☆☆　　👥 3人份

烹饪时间
Times
2分钟

🥗 原 料

莲藕…200克　　蜂蜜少许
葡萄…120克

🥄 做 法

1. 从洗好的葡萄串上摘取果实，待用。

2. 去皮洗净的莲藕切开，再切块，备用。

3. 取榨汁机，选择搅拌刀座组合，倒入藕块，放入备好的葡萄。

4. 注入适量凉开水，盖好盖子。

5. 选择"榨汁"功能，榨约半分钟。

6. 断电后倒出藕汁，滤入杯中，加入少许蜂蜜，拌匀即可。

难易度：★☆☆

2人份

马蹄甘蔗汁

原 料

马蹄肉…120克

甘蔗段…85克

烹饪时间
Times
2分钟

做 法

1.洗净的马蹄肉切成小块。

2.洗好的甘蔗切成小块，备用。

3.取榨汁机，选择搅拌刀座组合，倒入切好的马蹄肉、甘蔗。

4.注入适量纯净水，盖上盖，选择"榨汁"功能，榨取汁水；断电后倒出甘蔗汁，装入杯中即可。

蜂蜜玉米汁

难易度：★★☆　　👥 1人份

🕐 **原 料**

鲜玉米粒…100克　蜂蜜…15克

✍️ **做 法**

烹饪时间
Times
3分钟

1. 取榨汁机，选择搅拌刀座组合，将洗净的玉米粒装入搅拌杯中。

2. 加入适量纯净水。

3. 盖盖，选择"榨汁"功能榨取玉米汁。

4. 揭开盖子，将榨好的玉米汁倒入锅中，盖上盖，用大火加热，煮至沸。

5. 揭开盖，加入适量蜂蜜。

6. 略微搅拌，使玉米汁味道均匀；盛出煮好的玉米汁，装入杯中即可。

健胃蔬果汁

难易度：★☆☆　　👫 3人份

烹饪时间
Times
2分钟

🥬 原 料

苹果…120克　　紫甘蓝…60克
菠萝肉…70克　　蜂蜜少许
橙子肉…50克

🔪 做 法

1. 洗净的苹果取果肉切小块。

2. 将备好的菠萝肉切小块。

3. 将去皮的橙子肉切小块。

4. 洗好的紫甘蓝切细丝。

5. 取榨汁机，选择搅拌刀座组合，倒入切好的食材，注入适量纯净水，加入少许蜂蜜，盖好盖子。

6. 选择"榨汁"功能，榨取果汁；断电后倒出蔬果汁，装入杯中即成。

香蕉柠檬蔬菜汁

难易度：★★☆　　2人份

⚬ 原 料

香蕉…100克　　莴笋…100克
柠檬…70克

⚬ 调 料

蜂蜜…10毫升

烹饪时间
Times
3分钟

⚬ 做 法

1.洗净去皮的莴笋切条，改切成丁。

2.香蕉去皮，把果肉切成小块。

3.洗净的柠檬去皮，切成小块，待用。

4.锅中注入适量清水烧开，放入莴笋丁，煮1分钟，至其断生；把焯煮好的莴笋捞出，沥干水分，待用。

5.取榨汁机，选择搅拌刀座组合，倒入香蕉、柠檬、莴笋。

6.加入适量矿泉水。

7.盖盖，选择"榨汁"功能榨取蔬果汁。

8.揭盖，放入适量蜂蜜；盖上盖，再次选择"榨汁"功能；揭盖，把搅拌匀的蔬果汁倒入杯中即可。

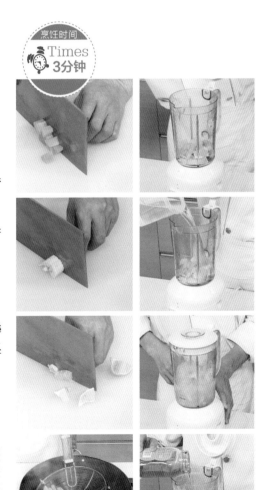

⚬ 健康小贴士

莴笋味道清新且略带苦味，可刺激消化酶分泌，具有消积下气、利小便和清热解毒的功效，可有效缓解妊娠水肿。

 冰糖李汁

难易度：★☆☆　　👥 2人份

烹饪时间
Times
2分钟

🥬 原 料

李子…200克　　冰糖…25克

🍴 做 法

1. 洗净的李子切开，切取果肉，待用。

2. 取一小碗，倒入冰糖，盛入适量开水；
拌匀，至其溶化，制成糖水，待用。

3. 取榨汁机，选择搅拌刀座组合，倒入李
子，加入糖水。

4. 注入适量温开水，盖上盖。

5. 选择"榨汁"功能，榨取果汁。

6. 断电后倒出李汁，装入杯中即可。

萝卜莲藕汁

难易度：★☆☆　2人份

原料

白萝卜…120克　蜂蜜适量
莲藕…120克

烹饪时间
Times
2分钟

做法

1. 莲藕洗净切厚片，再切条，改切成丁。
2. 洗好去皮的白萝卜切厚块，再切条，改切成丁，备用。
3. 取榨汁机，选择搅拌刀座组合，倒入切好的白萝卜、莲藕。
4. 加入适量纯净水。
5. 盖盖，选择"榨汁"功能榨出蔬菜汁。
6. 揭盖，放少许蜂蜜，盖盖，选择"榨汁"功能，搅匀后倒出蔬菜汁即可。

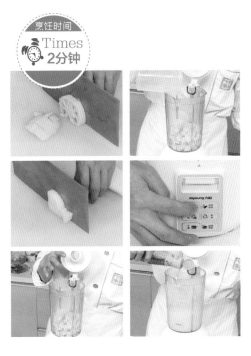

综合蔬果汁

难易度：★☆☆　👥 2人份

烹饪时间
Times
3分钟

🍴 原料

苹果…130克　　胡萝卜…100克
橙子肉…65克

🔪 做法

1.将洗净的苹果去核，果肉切丁块。

2.洗净的胡萝卜切小块。

3.橙子肉切小块，备用。

4.取来备好的榨汁机，倒入部分切好的食材，盖上盖。

5.选择第一档，榨约30秒。

6.断电后再分两次倒入余下的食材，榨取蔬果汁；将榨好的蔬果汁倒入杯中即成。

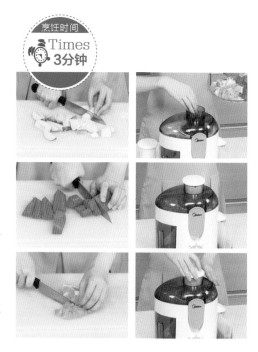

圣女果胡萝卜汁

难易度：★☆☆　　 2人份

烹饪时间
Times
1分钟

原 料

圣女果…120克

胡萝卜…75克

做 法

1.将去皮洗净的胡萝卜切成条，再改切成丁块，备用。

2.将去蒂的圣女果清洗干净，然后对半切开，待用。

3.取备好的榨汁机，选择搅拌刀座组合，倒入切好的胡萝卜和圣女果。

4.注入适量纯净水，盖上盖子。

5.选择"榨汁"功能，榨出汁水。

6.断电后倒出汁水，装入杯中即成。

甘蔗冬瓜汁

难易度：★★☆　👫5人份

◎ 原料

甘蔗汁…300毫升　橙子…120克
冬瓜…270克

烹饪时间
⏱ Times
6分钟

◎ 做法

1. 将冬瓜去瓤、去皮，洗净后切开，再改切成薄片。

2. 洗好的橙子切开，切小瓣，去除果皮。

3. 锅中注入适量清水烧开，倒入切好的冬瓜，拌匀，煮约5分钟，至其熟软。

4. 捞出煮好的冬瓜，沥干水分，待用。

5. 取榨汁机，选择搅拌刀座组合，倒入橙子、冬瓜。

6. 加入备好的甘蔗汁。

7. 盖上盖，选择"榨汁"功能，按"开始"键，榨取蔬果汁。

8. 断电后，取下搅拌杯，倒出汁水，装入碗中即可饮用。

◎ 健康小贴士

冬瓜含维生素C较多，且钾盐含量高，钠盐含量较低，具有养心润肺、除烦利尿等功效，适合妊娠后期水肿的孕妇食用。

 # 柠檬芹菜莴笋汁

难易度：★★☆ 🍴2人份

🥄 原料

芹菜…50克　　柠檬…70克

莴笋…90克　　蜂蜜…15毫升

烹饪时间
Times
3分钟

🍴 做法

1. 洗净的芹菜切粒。

2. 洗净去皮的莴笋切成条，再改切成丁。

3. 洗好的柠檬去皮，切成小块。

4. 开水锅中，放入莴笋、芹菜，搅拌匀，煮至其熟软；捞出，沥干水分，待用。

5. 取榨汁机，倒入柠檬、莴笋、芹菜，注入矿泉水，选择"榨汁"功能榨取蔬果汁。

6. 加入蜂蜜，再次选择"榨汁"功能，搅拌均匀；将蔬果汁倒入杯中即可。

胡萝卜蜂蜜汁

难易度：★☆☆　👤 1人份

烹饪时间
Times
3分钟

🥕 **原 料**

胡萝卜…120克　蜂蜜…10毫升

🔪 **做 法**

1.洗净去皮的胡萝卜切段，再切条，改切成丁，备用。

2.取榨汁机，选择搅拌刀座组合，倒入切好的胡萝卜。

3.加入适量矿泉水。

4.选择"榨汁"功能，榨取胡萝卜汁。

5.加入适量蜂蜜。

6.再次选择"榨汁"功能，搅拌均匀；揭盖，将搅拌匀的胡萝卜汁倒入杯中即可。

胡萝卜黄瓜苹果汁

难易度：★☆☆　　👥 3人份

烹饪时间
Times
2分钟

🥗 **原 料**

胡萝卜…80克　黄瓜…120克
苹果…100克　蜂蜜…15克

🥄 **做 法**

1. 洗好的黄瓜切条，改切成丁。

2. 洗净去皮的胡萝卜切条，再切成丁。

3. 洗好的苹果切瓣，去核切成小块备用。

4. 取榨汁机，选择搅拌刀座组合，倒入切好的胡萝卜、苹果、黄瓜。

5. 加入适量矿泉水，选择"榨汁"功能，榨取蔬果汁。

6. 加适量蜂蜜，选择"榨汁"功能，搅拌一会儿；将榨好的蔬果汁倒入杯中即可。

蓝莓葡萄汁

难易度：★☆☆

一人份

Times 1分钟
烹饪时间

○ **原 料**

葡萄…30克

蓝莓…20克

◉ **做 法**

1.取榨汁机，选择搅拌刀座组合。

2.倒入洗净的蓝莓、葡萄。

3.倒入适量纯净水。

4.盖上盖，然后选择"榨汁"功能，榨取果汁；将榨好的果汁倒入滤网中，滤入杯中即可。

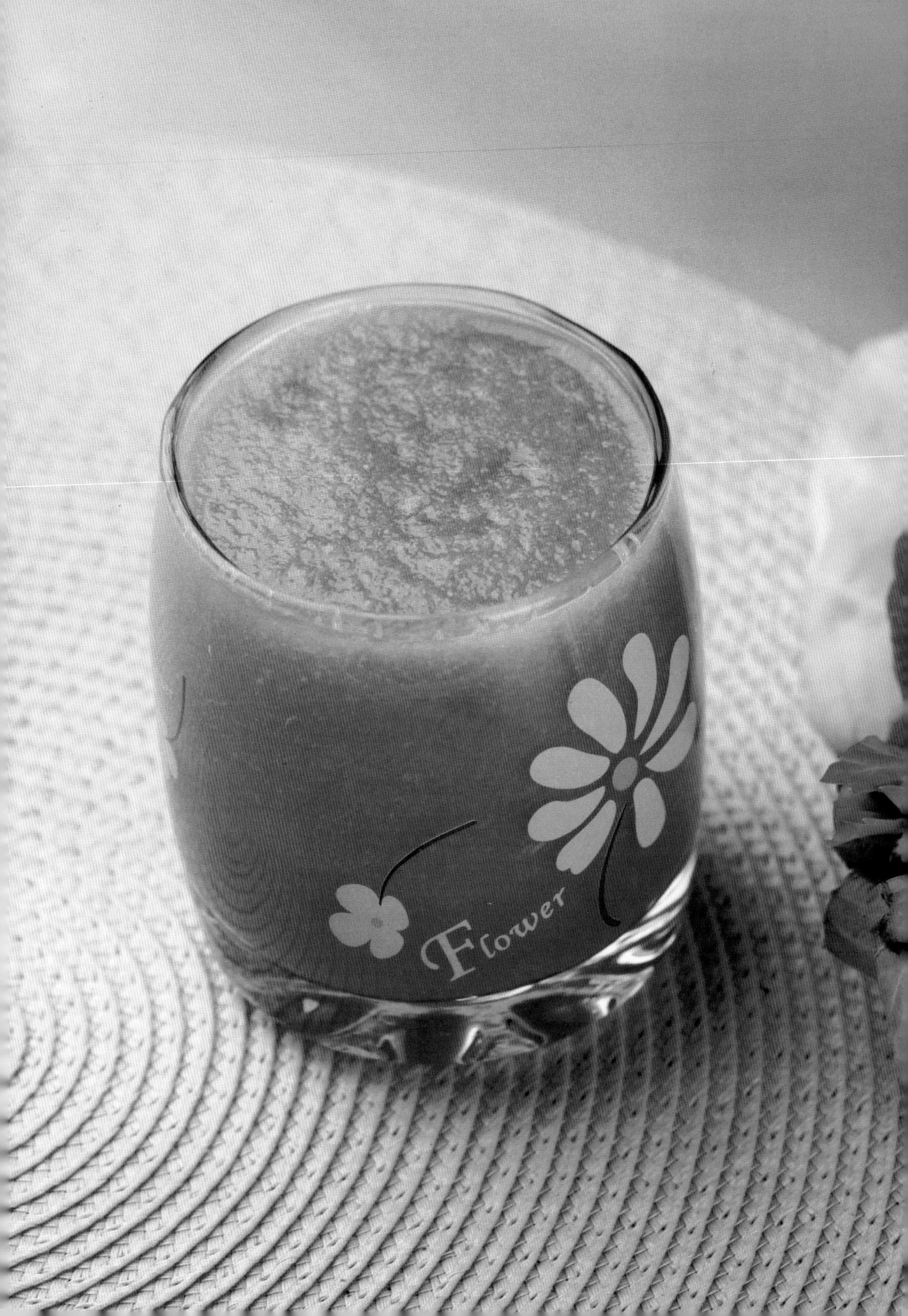
Flower

爽口胡萝卜芹菜汁

难易度：★★☆　　👥 3人份

🍃 原 料

胡萝卜…120克

包菜…100克

芹菜…80克

柠檬…80克

✏️ 做 法

1. 洗净的包菜切成小块。

2. 洗好的芹菜切粒。

3. 洗净去皮的胡萝卜切条，改切成丁。

4. 锅中注入适量清水烧开，倒入切好的包菜，搅拌匀，煮半分钟，至其煮软。

5. 关火后把焯煮好的包菜捞出，沥干水分，备用。

6. 取榨汁机，选择搅拌刀座组合，倒入包菜、胡萝卜、芹菜。

7. 加入适量矿泉水，选择"榨汁"功能，榨取蔬菜汁。

8. 把榨好的蔬菜汁倒入杯中，挤入柠檬汁，搅拌均匀即可。

烹饪时间 Times 2分钟

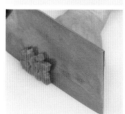

🌿 健康小贴士

包菜富含维生素C、维生素B$_6$、叶酸和钾等成分，具有利五脏、调六腑、清热解毒的功效，适合孕妈妈食用。

 # 黄瓜芹菜苹果汁

难易度：★☆☆　　👥 2人份

烹饪时间
Times
1分钟

🌍 原 料

黄瓜…50克　苹果…100克
芹菜…20克

🥄 做 法

1. 将苹果切开去核，改切成小块，待用。

2. 将黄瓜洗净去皮，再切成小块，备用。

3. 将洗净的芹菜切小段，待用。

4. 取榨汁机，放入芹菜、黄瓜和苹果。

5. 注入适量清水，盖好盖子。

6. 选择"榨汁"功能，榨出蔬果汁；断电
后倒出蔬果汁，装入杯中即成。

马蹄汁

难易度：★☆☆　1人份

原料

马蹄肉…100克

蜂蜜适量

烹饪时间
Times
2分钟

做法

1. 将备好的马蹄洗净，去皮，再切成小块，备用。

2. 取榨汁机，选搅拌刀座组合，倒入切好的马蹄块。

3. 加入适量矿泉水。

4. 盖盖，选择"榨汁"功能，榨取汁水。

5. 揭开盖，放入适量蜂蜜。

6. 盖上盖，搅拌均匀；断电后把榨好的马蹄汁倒入杯中即可。

柠檬苹果莴笋汁

难易度：★☆☆　　👥 3人份

🍎 原 料

柠檬…70克　　苹果…150克
莴笋…80克　　蜂蜜…15毫升

烹饪时间
Times
2分钟

🔪 做 法

1. 洗净的柠檬切成片。

2. 洗净去皮的莴笋对半切开，再切条块，改切成丁。

3. 洗好的苹果去核，再切小块，备用。

4. 取榨汁机，选择搅拌刀座组合，倒入切好的苹果、柠檬、莴笋。

5. 加入少许矿泉水，选择"榨汁"功能，榨取蔬果汁。

6. 加入适量蜂蜜，继续搅拌片刻；将榨好的蔬果汁倒入杯中即可。

蜂蜜葡萄柚汁

难易度：★☆☆

3人份

烹饪时间 Times 1分钟

🍇 原 料

葡萄柚…300克

蜂蜜少许

🥄 做 法

1. 葡萄柚掰开，切去膜，取出果肉，备用。

2. 取榨汁机，选择搅拌刀座组合，倒入葡萄柚、蜂蜜。

3. 注入适量纯净水，选择"榨汁"功能，榨约30秒。

4. 将榨好的果汁滤入杯中即可饮用。

莲藕柠檬苹果汁

难易度：★★☆　　🧍3人份

🔆 原 料

莲藕…130克　　苹果…120克
柠檬…80克

🔆 调 料

蜂蜜…15克

烹饪时间
Times
3分钟

✍ 做 法

1.洗净的莲藕切成小块。

2.洗净苹果切成瓣去核去皮，切成小块。

3.洗净的柠檬去皮，把果肉切成小块。

4.砂锅中注入适量清水烧开，倒入莲藕，煮1分钟。

5.将焯煮好的莲藕捞出，沥干水分备用。

6.取榨汁机，选择组好的搅拌刀座组合，将备好的食材倒入搅拌杯中，倒入适量纯净水。

7.盖上盖，然后选择"榨汁"功能，榨取蔬果汁。

8.揭盖，倒入适量蜂蜜，再次选择"榨汁"功能，启动机子搅拌均匀；将搅匀的蔬果汁倒入杯中即可。

⊙ 健康小贴士

苹果中营养成分可溶性大，可使皮肤润滑柔嫩；其中所含的独特香精成分能缓解忧郁、紧张等情绪，适合孕妇食用。

葡萄芹菜汁

难易度: ★☆☆　　🍴 2人份

烹饪时间
Times
2分钟

原 料

葡萄…100克　　蜂蜜…20克

芹菜…90克

做 法

1. 将洗净的芹菜切成粒, 待用。

2. 取榨汁机, 选搅拌刀座组合, 倒入洗净的葡萄, 加入芹菜粒。

3. 再倒入适量矿泉水。

4. 盖上盖, 选择"榨汁"功能, 榨取葡萄芹菜汁。

5. 揭开盖, 放入适量蜂蜜。

6. 选择"榨汁"功能, 搅拌匀; 揭盖, 把榨好的蔬果汁倒入杯中即可。

菠萝甜橙汁

难易度： ★☆☆

2人份

烹饪时间 Times 1分钟

🍊 原料

菠萝肉…100克

橙子…150克

✏️ 做法

1. 将处理好的菠萝切开，再切成小块。

2. 洗净的橙子切开，再切成瓣，去除果皮，将果肉切成小块。

3. 取榨汁机，选择搅拌刀座组合，倒入切好的菠萝、橙子，注入适量纯净水。

4. 选择"榨汁"功能，榨取果汁；将榨好的果汁倒入杯中即可。

黄瓜猕猴桃汁

难易度：★☆☆　　 2人份

烹饪时间
Times
2分钟

原 料

黄瓜…120克　　蜂蜜…15毫升

猕猴桃…150克

做 法

1. 洗净的黄瓜切成条，再切丁。

2. 洗净去皮的猕猴桃切成块，备用。

3. 取榨汁机，选择搅拌刀座组合，将切好的黄瓜、猕猴桃倒入搅拌杯中。

4. 加入适量纯净水。

5. 选择"榨汁"功能，榨取蔬果汁。

6. 揭开盖子，加入适量蜂蜜，再选择"榨汁"功能，搅拌片刻；将榨好的蔬果汁倒入杯中即可。

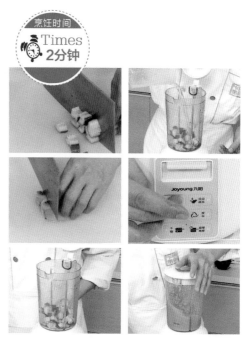

Part 7

一天一杯，
健康老人长寿蔬果汁

　　"夕阳无限好，只是近黄昏。"人进入暮年，无论是精力还是体力，都大不如前。不过，在日常生活中，我们常常会看见一些年近百岁的长寿老人，不仅心态好，精神好，身体也很棒。日常饮食调养，是健康长寿的秘密。其实，蔬果汁对健康的作用远比我们想象的要大得多，它不仅能强化我们身体的免疫系统，还能防治各种慢性疾病的发生。本章将带来多款长寿蔬果汁，为您的健康保驾护航。

苹果梨冬瓜紫薯汁

难易度：★☆☆　　2人份

烹饪时间
Times
1分钟

原料

苹果…75克　　冬瓜肉…100克

梨…85克　　　紫薯…40克

做法

1.将洗净的梨切开，去核，再切成小块，备用。

2.将备好的冬瓜肉切成小块。

3.洗净的苹果去核，切成小块。

4.去皮的紫薯切成小块，备用。

5.取榨汁机，选择搅拌刀座组合，倒入切好的材料，注入适量的纯净水，盖好盖。

6.选择"榨汁"功能，榨取蔬果汁；断电后倒出紫薯汁，装入杯中即成。

梨汁马蹄饮

难易度：★☆☆

2人份

🕐 烹饪时间 Times 1分钟

🍐 **原 料**

梨子…200克

马蹄肉…160克

🔪 **做 法**

1. 洗净的梨子切取果肉，改切小块。

2. 将备好的马蹄肉切小块。

3. 取榨汁机，倒入适量的材料，选择第一档，榨取汁水。

4. 分次放入余下的材料，榨取果汁；将榨好的马蹄饮滤入杯中即可。

酸甜莲藕橙子汁

难易度：★★☆　　 1人份

原料

莲藕…100克　　 白糖…10克

橙子…1个

烹饪时间
Times
3分钟

做法

1. 将洗净的莲藕切成小块。

2. 橙子去皮，取果肉切成小块。

3. 开水锅中，倒入莲藕块，煮至断生；捞出，沥干水分，待用。

4. 取榨汁机，选择组好的搅拌刀座组合，将备好的食材倒入搅拌杯中。

5. 加入适量纯净水，盖上盖，选择"榨汁"功能，榨取蔬果汁。

6. 加入适量白糖，再搅拌一会儿；将榨好的蔬果汁倒入杯中即可。

西红柿菠菜汁

难易度：★☆☆
2人份

🥬 **原 料**

西红柿···135克
柠檬片···30克
菠菜···70克

🥄 **调 料**

盐少许

烹饪时间
Times
1分钟

🍴 **做 法**

1. 洗净的菠菜去除根部，切小段。

2. 洗好的西红柿切小块。

3. 取榨汁机，选择搅拌刀座组合，倒入菠菜段，放入柠檬片和西红柿块，倒入适量纯净水，加入少许盐，盖上盖子。

4. 选择"榨汁"功能，榨取蔬果汁；断电后倒出蔬果汁，装入杯中即成。

芹菜西蓝花蔬菜汁

难易度：★★☆　　2人份

🍵 原 料

芹菜…70克　　莴笋…80克

西蓝花…90克　牛奶…100毫升

烹饪时间
Times
4分钟

🍴 做 法

1. 洗净去皮的莴笋对半切开，再切条，改切成丁。

2. 洗好的芹菜切段。

3. 洗净的西蓝花切小块。

4. 锅中注入适量清水烧开，倒入切好的莴笋、西蓝花，煮至沸；再倒入芹菜段，略煮片刻，至其断生。

5. 把煮好的食材捞出，沥干水分，待用。

6. 取榨汁机，选择搅拌刀座组合，倒入焯过水的食材，加入适量矿泉水。

7. 盖盖，选择"榨汁"功能榨取蔬菜汁。

8. 揭开盖子，倒入牛奶，再次选择"榨汁"功能，搅拌均匀；将搅拌匀的蔬菜汁倒入杯中即可。

🍽 健康小贴士

牛奶含有色氨酸，能促进大脑神经细胞分泌出有助睡眠的五羟色胺，保证老人良好的睡眠质量。

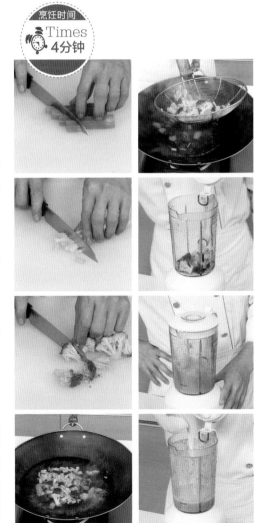

翠衣果蔬汁

难易度：★☆☆　　4人份

烹饪时间
Times
2分钟

原料

西瓜…170克　　雪梨…110克

葡萄…230克　　莲藕…60克

做法

1.将洗净的西瓜切小块；从洗净的葡萄串上摘取果实，待用。

2.洗净的莲藕切成滚刀块。

3.洗净去皮的雪梨切成小块。

4.取榨汁机，选择搅拌刀座组合，放入备好的葡萄、藕块。

5.倒入雪梨块，放入西瓜，注入纯净水。

6.选择"榨汁"功能，榨约40秒；断电后倒出榨好的果汁，滤入杯中即成。

西瓜汁

难易度：★☆☆

2人份

Times 1分钟

🍎 原 料

西瓜…400克

🔪 做 法

1.洗净去皮的西瓜切小块。

2.取榨汁机，选择搅拌刀座组合，放入西瓜。

3.加入少许矿泉水。

4.盖上盖，选择"榨汁"功能，榨取西瓜汁；把榨好的西瓜汁倒入杯中即可。

西红柿葡萄紫甘蓝汁

难易度：★★☆　👥 3人份

烹饪时间
Times
3分钟

原料

西红柿…100克　葡萄…100克
紫甘蓝…100克

做法

1.西红柿洗净对半切开，再切小块备用。

2.将紫甘蓝切小块，待用。

3.开水锅中，倒入紫甘蓝，搅拌匀，煮1分钟；捞出，备用。

4.取榨汁机，选择搅拌刀座组合，将西红柿倒入搅拌杯中。

5.加入葡萄、紫甘蓝，倒入适量纯净水。

6.选用"榨汁"功能，榨出蔬果汁；将榨好的蔬果汁倒入杯中即可。

蜂蜜生姜萝卜汁

难易度··★☆☆
二人份

原 料
白萝卜…160克
生姜…30克

调 料
蜂蜜适量

烹饪时间
Times
1分钟

做 法

1.将生姜切小块，待用。

2.将洗净的白萝卜切滚刀块，备用。

3.取榨汁机，选择搅拌刀座组合，倒入萝卜块、生姜，注入适量清水，盖上盖；通电后选择"榨汁"功能，榨约半分钟。

4.断电后倒出汁水，滤入杯中；加入适量蜂蜜，拌匀即可。

胡萝卜红薯汁

难易度：★★☆　👥 2人份

🔘 原 料

胡萝卜…90克

红薯…120克

🔘 调 料

蜂蜜…10毫升

烹饪时间 Times 3分钟

✏️ 做 法

1. 将洗净去皮的红薯切成丁，备用。

2. 将洗净的胡萝卜切成厚块，再切成丁，备用。

3. 开水锅中，倒入备好的红薯丁，煮约5分钟至熟。

4. 捞出煮熟的红薯丁，沥干水分，待用。

5. 取榨汁机，选择搅拌刀座组合，倒入红薯、胡萝卜。

6. 加入适量白开水，盖上盖，选择"榨汁"功能，榨取蔬菜汁。

7. 关电后揭盖，放入适量蜂蜜。

8. 盖上盖，再次选择"榨汁"功能，搅拌；把搅拌匀的蔬菜汁倒入杯中即可。

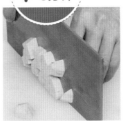

💠 健康小贴士

红薯含有丰富的淀粉、维生素、纤维素以及丰富的矿物质等，能保持血管弹性，对防治老年人习惯性便秘十分有效。

芹菜胡萝卜苹果汁

难易度：★☆☆　　📖 2人份

烹饪时间
Times
2分钟

🍵 原 料

芹菜···60克　　苹果···100克

胡萝卜···80克　蜂蜜···15毫升

✍ 做 法

1. 将洗净的芹菜切成段。

2. 将备好的胡萝卜切成丁。

3. 将苹果切开去核，再切成小块，备用。

4. 取榨汁机，选择搅拌刀座组合，倒入切好的苹果、芹菜、胡萝卜。

5. 倒入适量矿泉水，盖上盖，选择"榨汁"功能，榨取蔬果汁。

6. 加入适量蜂蜜，继续搅拌一会儿；将榨好的蔬果汁倒入杯中即可。

西瓜黄桃苹果汁

难易度：★☆☆

5人份

原料

西瓜…300克
黄桃…150克
苹果…200克

烹饪时间
Times
1分钟

做法

1. 洗好的苹果切小块。

2. 取出的西瓜肉去籽，切小块。

3. 取榨汁机，选择搅拌刀座组合，把苹果、西瓜、黄桃倒入榨汁机的搅拌杯中，加少许矿泉水。

4. 选择"榨汁"功能，榨取果汁；取下搅拌杯，把果汁倒入杯中即可。

芹菜胡萝卜柑橘汁

难易度：★☆☆　　👥 2人份

烹饪时间
Times
1分钟

🍎 **原 料**

芹菜…70克　　　柑橘…1个

胡萝卜…100克

🔪 **做 法**

1. 将洗净的芹菜切段，备用。

2. 将洗净的胡萝卜切成粒。

3. 柑橘掰开，去络，果肉掰成瓣，备用。

4. 取榨汁机，选择搅拌刀座组合，倒入芹菜、胡萝卜、柑橘。

5. 加入适量矿泉水。

6. 选择"榨汁"功能榨取蔬果汁；断电后把榨好的蔬果汁倒入杯中即可。

雪梨莲藕汁

难易度：★☆☆　2人份

烹饪时间
Times
2分钟

原 料

雪梨…100克　　蜂蜜…10克
莲藕…100克

做 法

1. 将洗净的莲藕切成小块，待用。

2. 将雪梨去核，切成丁，备用。

3. 取榨汁机，选择搅拌刀座组合，放入切好的莲藕、雪梨。

4. 注入适量矿泉水，盖上盖，选择"榨汁"功能，榨汁。

5. 揭开盖，放入适量蜂蜜，盖好盖子。

6. 再次选择"榨汁"功能，榨出莲藕汁；装入杯中即成。

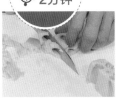

猕猴桃菠萝苹果汁

难易度：★☆☆　　2人份

烹饪时间　Times　1分钟

🍎 原 料

　猕猴桃肉…60克　苹果…110克
　菠萝肉…95克

🔪 做 法

　1.将备好的猕猴桃肉切小块。

　2.将备好的菠萝肉切小块。

　3.洗净的苹果取肉切小块

　4.取榨汁机，选择搅拌刀座组合，倒入切好的水果。

　5.注入适量的纯净水，盖好盖子。

　6.选择"榨汁"功能，榨取果汁；断电后将榨好的果汁装入杯中即可。

活力果汁

难易度：★☆☆　👥6人份

🌐 原　料

雪梨…270克	黄瓜…120克
橙子…200克	柠檬…80克
苹果…160克	苦瓜…50克

烹饪时间
Times
2分钟

⚙ 做　法

1. 黄瓜洗净去皮切开、切条，再切成小块。

2. 将洗好的苹果、雪梨去皮、去核、切片，再切成块。

3. 洗好的橙子切开，去皮，再切成小块。

4. 洗净的柠檬切开，切小块，去皮；洗好的苦瓜去瓤，切成小块。

5. 取榨汁机，揭盖，分次放入已切的蔬果。

6. 选择第一档，榨取蔬果汁；断电后，揭开盖，将榨好的果汁倒入杯中即可。

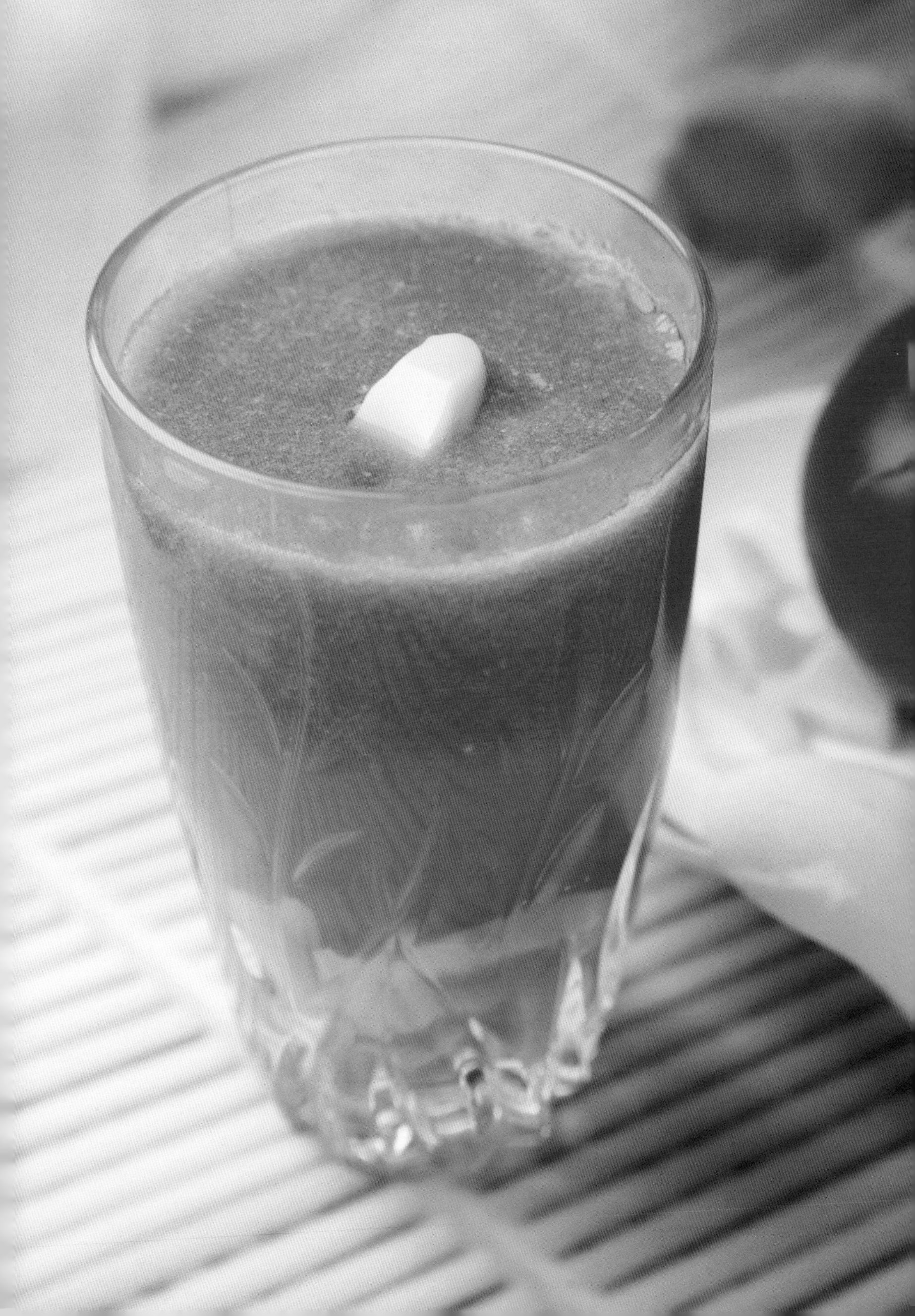

西红柿椰果饮

难易度：★★☆　　👫 1人份

○ **原 料**

西红柿···120克

椰味果冻适量

○ **调 料**

白糖少许

烹饪时间
Times
2分钟

○ **做 法**

1.将洗净的西红柿切上十字花刀。

2.备好的椰味果冻切成条。

3.锅中注水适量清水烧开，放入备好的西红柿，煮至表皮起皱。

4.捞出煮好的西红柿，放入适量的冷水中浸泡片刻。

5.将西红柿的外皮剥掉，再对半切开，去蒂，切成块。

6.取榨汁机，选择搅拌刀座组合，倒入西红柿、白糖，注入纯净水。

7.选择"榨汁"功能，榨取汁水。

8.断电后揭开盖，将榨好的西红柿汁倒入杯中，加入适量的果冻即可。

🐷 **健康小贴士**

西红柿具有健胃消食、生津止渴、清热解毒等功效，搭配甘甜的椰果，是老年人的开胃佳品。

阳光葡萄柚苹果

难易度：★☆☆　　2人份

烹饪时间
Times
2分钟

🥘 原料

　葡萄柚…150克
　苹果…100克

🥄 做法

1. 葡萄柚去膜，去籽，用小刀取出果肉。

2. 洗净的苹果切开，去核，去皮，再切成小块，备用。

3. 取榨汁机，倒入葡萄柚、苹果。

4. 加入适量纯净水。

5. 盖盖，选择"榨汁"功能，榨约30秒。

6. 取一个杯子，将榨好的果汁滤入杯中，撇去浮沫即可。

西红柿芹菜汁

难易度：★☆☆

2人份

⊙ 原 料

西红柿…200克
芹菜…200克

烹饪时间
Times
1分钟

✍ 做 法

1. 将洗净的芹菜切成粒状。

2. 洗净的西红柿切开，再切成小块。

3. 取榨汁机，选择搅拌刀座组合，倒入切好的食材，注入少许矿泉水。

4. 通电后选择"榨汁"功能，搅拌一会儿，使食材榨出汁；断电后倒出榨好的西红柿芹菜汁，装入小碗中即成。

香蕉猕猴桃汁

难易度：★☆☆　　2人份

烹饪时间
Times
2分钟

原料

香蕉…120克　　柠檬…30克

猕猴桃…90克

做法

1. 香蕉去皮，切成小块。

2. 备好的柠檬切小块。

3. 洗净的猕猴桃去皮，切成小块，备用。

4. 取榨汁机，选择搅拌刀座组合，倒入切好的水果。

5. 注入少许矿泉水，盖上盖子。

6. 通电后选择"榨汁"功能，搅拌片刻；断电后倒出榨好的果汁，装入杯中即成。

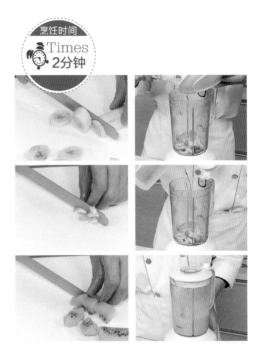

难易度：★☆☆

2人份

黄瓜苹果酸奶汁

⊙ 原 料

苹果…75克

黄瓜…60克

酸奶…120毫升

烹饪时间
Times
1分钟

✎ 做 法

1.洗净去皮的黄瓜切小块。

2.洗净的苹果切取果肉，改切小块。

3.取榨汁机，选择搅拌刀座组合，倒入切好的材料，注入适量酸奶，盖好盖子。

4.通电后选择"榨汁"功能榨取果汁；断电后倒出果汁，装入杯中即成。

雪梨蜂蜜苦瓜汁

难易度：★★☆　👥2人份

⊕ 原 料

雪梨…100克
苦瓜…120克

⊕ 调 料

蜂蜜…10克

烹饪时间
Times
4分钟

⊘ 做 法

1.将洗净的苦瓜对半切开，去瓤，再切成小块，待用。

2.将洗净去皮的雪梨切开，去核，再切成小块，备用。

3.锅中注入适量清水烧开，倒入备好的苦瓜，煮约2分钟；捞出煮好的苦瓜，沥干水分，备用。

4.取榨汁机，选择搅拌刀座组合，倒入切好的苦瓜。

5.加入雪梨，倒入适量矿泉水。

6.选择"榨汁"功能，榨出果汁。

7.倒入适量蜂蜜，搅拌均匀。

8.断电后将果汁倒入杯中即可。

❤ 健康小贴士

老年人常食苦瓜对保持血管弹性、维持正常生理功能及预防高血压、糖尿病等有积极的作用。

芹菜胡萝卜人参果汁

难易度：★☆☆　　🍴2人份

烹饪时间
Times
2分钟

⊙ 原 料

芹菜…50克　　人参果…90克
胡萝卜…80克

🥄 做 法

1.将洗好的芹菜切成粒。

2.将洗净的胡萝卜切厚块，再改切成丁。

3.将洗好的人参果切成丁，备用。

4.取榨汁机，选择搅拌刀座组合，将切好的食材放入杯中。

5.倒入少许纯净水，盖上盖子。

6.选择"榨汁"功能，榨取蔬果汁；取下盖子，将榨好的蔬果汁倒出即可。

难易度：★☆☆
2人份

紫甘蓝包菜汁

原 料

紫甘蓝…100克
包菜…100克

烹饪时间
Times
1分钟

做 法

1.洗好的包菜切条，再切成小块。

2.洗净的紫甘蓝切成条，再切成小块，备用。

3.取榨汁机，选择搅拌刀座组合，将切好的包菜放入搅拌杯中，加入切好的紫甘蓝，倒入适量纯净水。

4.盖上盖，选择"榨汁"功能，榨取蔬菜汁；将榨好的蔬菜汁倒入杯中即可。

甘蔗马蹄陈皮饮

难易度：★★☆　　2人份

烹饪时间
Times
21分钟

原 料

甘蔗…100克　　陈皮…6克

马蹄…100克　　冰糖…15克

做 法

1. 洗净去皮的马蹄对半切开，备用。

2. 将甘蔗敲破，切成段，待用。

3. 开水锅中，放入洗净的陈皮略煮片刻。

4. 放入备好的甘蔗段、马蹄。

5. 盖上盖，烧开后用小火炖20分钟，至食材熟软。

6. 揭开盖，放入冰糖，煮至溶化；把煮好的糖水盛出，装入汤碗中即可。

芹菜汁

难易度：★☆☆

2人份

烹饪时间
Times
1分钟

原料

芹菜…200克

做法

1. 将洗净的芹菜切成粒状，装入小碟子中，待用。

2. 取榨汁机，选择搅拌刀座组合，倒入芹菜粒。

3. 注入少许矿泉水，盖上盖。

4. 通电后选择"榨汁"功能，榨取蔬菜汁；断电后倒出榨好的芹菜汁，装入杯中即可饮用。

双瓜西芹蜂蜜汁

难易度：★★☆　　3人份

🥄 原 料

黄瓜…130克　　西芹…50克
苦瓜…180克

🥄 调 料

蜂蜜…15毫升

烹饪时间
Times
3分钟

🥄 做 法

1.将洗净的黄瓜切成条，去瓤，再改切成丁，备用。

2.将洗好的西芹切成丁，待用。

3.将洗净的苦瓜对半切开，去瓤，再切成丁，备用。

4.开水锅中，放入苦瓜丁、西芹，煮至食材熟软；捞出，沥干水分，备用。

5.取榨汁机，选择搅拌刀座组合，倒入焯过水的苦瓜和西芹，再加入黄瓜。

6.放入适量矿泉水，盖上盖。

7.选择"榨汁"功能，榨取蔬果汁。

8.加入适量蜂蜜，继续搅拌片刻；将搅拌匀的蔬菜汁倒入杯中即可。

💧 健康小贴士

蜂蜜含有多种矿物质、维生素及果糖、葡萄糖等营养成分，能养脾、平心静气，对心焦烦躁引起的失眠有一定的改善作用。

紫薯胡萝卜橙汁

难易度：★☆☆　👥 2人份

烹饪时间
Times
1分钟

🥑 原 料

紫薯…130克　橙子肉…50克
胡萝卜…70克

🥄 做 法

1. 洗净的胡萝卜切小块。

2. 洗净去皮的红薯切小块。

3. 将橙子肉切小块，备用。

4. 取榨汁机，选择搅拌刀座组合，倒入切好的材料。

5. 注入适量纯净水，盖好盖子。

6. 选择"榨汁"功能，榨取蔬果汁；断电后倒出蔬果汁，装入杯中即可。

人参果黄瓜汁

难易度：★☆☆ 2人份

🍎 **原料**

人参果…100克

黄瓜…120克

烹饪时间 Times **2分钟**

🥄 **做法**

1. 洗好的黄瓜对半切开，切成条，再切丁。

2. 洗净的人参果切开，去皮，再切成小块，备用。

3. 取榨汁机，选择搅拌刀座组合，将切好的黄瓜倒入杯中，放入人参果，倒入适量纯净水，盖上盖。

4. 选择"榨汁"功能，榨取蔬果汁；取下盖子，将榨好的蔬果汁倒入杯中即可。

西蓝花菠萝汁

难易度：★★☆　📖 2人份

烹饪时间
Times
3分钟

🍲 **原　料**

西蓝花…140克
菠萝肉…90克

🥄 **做　法**

1. 将洗净的西蓝花切小朵。

2. 将菠萝肉切小块，备用。

3. 开水锅中，放入西蓝花，焯煮至断生。

4. 捞出煮好的西蓝花，在凉水中浸泡一下，捞出，沥干备用。

5. 取榨汁机，选择搅拌刀座组合，放入西蓝花和菠萝块，注入纯净水，盖好盖子。

6. 选择"榨汁"功能，榨取果汁；断电后倒出蔬果汁，装入杯中即成。